孤独的力量

[日] 斋藤孝 — 著

颜翠 — 译

华夏出版社

图书在版编目（CIP）数据

孤独的力量 /（日）斋藤孝著；颜翠译. --北京：华夏出版社，2019.1
ISBN 978-7-5080-9491-5

Ⅰ．①孤… Ⅱ．①斋… ②颜… Ⅲ．①人生哲学－通俗读物 Ⅳ．①B821-49

中国版本图书馆CIP数据核字（2018）第107168号

KODOKU NO CHIKARA by SAITO TAKASHI
© SAITO TAKASHI
Originally published in Japan in 2005 by PARCO Publishing Co., Ltd. TOKYO,
Republished in Japan in 2010 by SHINCHOSHA Publishing Co., Ltd. TOKYO,
Chinese(in simplified character only) translation rights arranged with through YOUBOOK AGENCY,CHINA, BEIJING.

版权所有，翻印必究
北京市版权局著作权合同登记号：图字 01-2016-4009

孤独的力量

作　　者	[日] 斋藤孝
译　　者	颜　翠
责任编辑	梅　子　　阿　修
出版发行	华夏出版社
经　　销	新华书店
印　　装	三河市万龙印装有限公司
版　　次	2019年1月北京第1版 2019年1月北京第1次印刷
开　　本	787×1092　1/32 开
印　　张	6.75
字　　数	109千字
定　　价	39.80元

华夏出版社　地址：北京市东直门外香河园北里4号　邮编：100028
网址：www.hxph.com.cn　　电话：(010)64663331（转）
若发现本版图书有印装质量问题，请与我社营销中心联系调换。

目　录

序言/1

第一章　失落的十年（孤独与我）/1
我的孤独时代/3　　孤独之中的光明/8
孤独的时候积蓄力量/12

第二章　作为"独行者"而活/17
首先要决意离群索居/19
目前的自己够好吗？/24
"拿出结果来"这一咒语/27
孤独的时间中应做之事/30
成为独立之人才会变成强者/32
要有断绝来往的勇气/35
选择积极向上的孤独/39
一个人的身体感觉/42

第三章　孤独的技巧/45

　　为了不让自己安于自身现状——有三个技巧/47

　　超越孤独——有三种方法/63

　　把自己当作战友/73

　　水拯救了孤独/78　地水火风/82

　　身体是可以挪动的寺院/88

　　一点点地错开负面情绪/92　震动能抚慰孤独/96

　　女性们的独处技巧/100

第四章　一个人孤独的世界（孤独的实践者们）/105

　　孤独与流浪/107　史力奇流孤独的体味/110

　　与时代违和的孤独感/115　文学与孤独/121

　　读书是通往死者世界的旅程/129　孤独的诱因/134

　　中原中也/138　潜心/145　"憎恶平凡人"/149

第五章　孤独的力量/153

　　独自一人才能看见的风景/155　了解爱的孤独/161

　　正因为孤独才更加理解他人/168　孤独与乐器/172

　　与孤独相匹配的工作/177

　　孤独力量的基础是去甲肾上腺素/180

　　以无常观为武器/183　地下水脉/188

尾声/194

本书中摘录的书籍及参考文献一览/197

解说　小池龙之介/201

序　言

现代人都非常恐惧孤独。或因此便分外想要和他人结伴而行，甚至可以称得上"没有朋友就恐慌综合征"。

实际生活中，一旦说自己"没有朋友"，几乎肯定会被当成人格问题者对待。正因为惧怕"没有朋友"的状态，所以很多人对于本来没什么必要来往的人也会一直与其保持来往，对吧？

如果说这样能令你感到舒适，那也算是一种生活方式。但假如这样的生活无法满足你的本心，不能令你积极地理解独自生活的真意，而只是勉强打发时间过日子的话，那么这些碌碌无为的时光等同于是在稀释你的人生真味。

记得小时候曾经唱过的一首歌中有这样一句歌词："可以交到一百个朋友吗？"但是，若真有一百个朋友恐怕也会受不了吧。（《假如我上一年级》作词：麻土道雄／作曲：山本直纯）

那么，为什么人们如此苦于孤独呢？

恐怕是因为"孤独"这一词汇留给人的直接印象就是"孤单、寂寞、凄凉"吧。仿佛像是冬季草木枯萎般的凄冷萧条之感，不论是谁都会苦于寂寞，因而诞生了"结伴"这一关系性。

学习之所以令人觉得痛苦，有一方面正是因为学习是需要在孤独之中完成的事情。做题也好，读书也罢，这段时间人都是处于孤独的状态之中。但也正因为孤独，效率和生产性才得以提高。如果连这点孤独的时间都忍耐不住，一边看电视、听广播、听喜爱的音乐，注意力就会被分散，能吸收的东西也就减少了。

尤其是电视，它可以营造出一种节目中出现的人如同自己的朋友的氛围空间。"某某说了这样的话啊""某某真厉害啊"……电视上的名人们亲昵地和你交谈着，仿若亲近的朋友一般，造成自己也成为其中一员的错觉。彼时彼刻，的确会忘却孤独，当然也就没有精力去深入思考了。

现在所流行的品牌、潮流趋势，也都是大家一股脑儿跟风而形成的结果。其他人都想要那个东西，那么我也想要拥有。所谓品牌战略，就是企业推动、传播集体的欲望，玩弄着孤独的心理罢了。因为忙碌于眼前的事情，就可以逃避"我是谁""生存又是什么"这种根本性的问题。可能有人会说："我自己一个人一边眺望着奢侈品，一边深入挖掘自我啊。"这话也不能说有什么错，但我却并没有感觉到这些奢侈品可以帮助你动摇对"结伴"的向往。

同样的，就算是关系良好的朋友之间的聊天，也有可能只是在浪费时间而已。不可否认，与合得来的朋友谈天说地确是一件令人十分愉快之事。当然，愉快地和朋友度过时光也可以作为人生的目标之一。这是一段珍非常贵的时光，于此我也毫无异议。但若说起来闲聊的这段时间令你有什么成长呢？恐怕很难答得上来吧。

独自一人待在房间，悠闲地听着音乐放松自己，这样的状态对我来说并不能叫作孤独。放任身体跟随着音乐的旋律，脑袋不作任何思考，这种安乐舒心，是被动而发的行为。现代脑科学研究表明，人类在欣赏音乐时，大脑几乎不会运作。

总之，我并不建议大家轻松地度过独自一人的时光、采取一些治愈自身的行为。我希望大家能够拥有一段更加了解自我，或者说能够加强自身技能的时间，当你在进行智力活动的瞬间令大脑之火熊熊燃烧跳动之时，那才是任何人都应具备的孤独。

这样的孤独，需要花费精力、伴随着严肃，这时候的心情一般都处于黑暗的状态。一个人如果心情明朗固然好，但黑暗所拥有的力量也不可忽视。

希望大家尽可能趁着年轻精力充沛的时候，去切身感受、体会一下寂寞孤独。和朋友欢笑嬉闹、唱卡拉OK固然令人感到愉悦，但这些发泄精力的事情并不可能为你带来自身的提高。

要彻底地磨炼自己，赌上必胜的心态。在这个时段，自己会主动地进入孤独的状态。这就是孤独的技巧。

在此，关于孤独的技巧，我想尝试从多个角度来思考。事实上，当你能够得心应手地面对孤独时，那一瞬间的孤独会成为一种具有创造性的东西。

我本人，切身地感受到了孤独赋予我的力量。

本书，正是我献给孤独的礼赞。

第一章

失落的十年

(孤独与我)

我的孤独时代

去年一整年（2005年）我共计出书三十多本，再加上一些演讲、授课以及在一些媒体上做演出和监修等，忙到稀里糊涂地连轴转。我很感激大家能够给予我工作的舞台，但同时我也不禁思考："为什么十年前的我，没人予以我如今的这些工作机会呢？"

我现如今所主张的朗读、呼吸法以及小学生培训班（斋藤授课法）等项目，早在十年前就已经完成了。也就是说，我十年前便在从事着相同的工作。此外，当时的我更加年轻，更加活力四射、脑子灵活，但是，那时候却没有任何人来找我做事。事到如今可以说这已经成了我的一份怨念。

当时的忍耐与孤独感，老实说我一点也不想回忆。但若是叙述那些事情，可以鼓励此时此刻正被孤独所围困之人、那些想要从团体独立出来却恐惧于孤独而不敢迈出第一步之人，多少也算有些意义吧。

对于我来说，自从十八岁那年高考失败、后来在明治大学求得一份工作，至我三十二岁的这十几年间，我一直身陷于孤独的囹圄之中。我称那段时期为——**暗黑的十年**。

孤独的第一个阶段，是从高考复读到大一大二的那段时期。我想很多人在年轻的时候都会憧憬独自生活吧，然而可能因为我从小成长在一个喧闹的家庭中，所以到东京之后十分不适应独居的生活。每当我躺在床上望着天花板的时候，总会产生一种"茫茫宇宙中只剩下自己"的杀伐冷寂之感。而且因为没有考上大学，感觉人生一片灰暗，更从骨子里感到孤独无助。

高考之于考生，无异于奥运会之于国家队运动员。一年只有那么一次机会，一两天的考试日子就检验着数年以来的努力成果。如果是应届毕业生，那么只要发挥出平时的水平尽全力就好。但对于复读生来说，则毫无退路。在如此重要的日子，如果"刚好生病"，那就完了。应届的考生还有可能保持轻松的心态，但对于复读生来说则只剩下残酷的、生不如死的感觉……

到了三十岁之后，人的心态会慢慢改变，会变得更加坦然，对于漫长人生来说再复读一年也无所谓。就像对于现在的我来说，"区区一年时间算什么呀"，但在十几岁的年纪,会觉得一年时间是极其巨大的时间损耗。

说起来也是因为我高中三年过度沉迷于体育运动,从而造成高考准备不足才又复读一年。但无论如何,我依然无法原谅自己只是因为考试结果不理想就要再浪费一年的时间。

其次,无所属的立场也是不幸的种子。在孤独的第二个阶段,也就是我找工作的那段时期,我深刻地体会到了类似的苦恼。例如,当一个人可以自我介绍:"我是某某大学的学生""我是某某公司的员工",那么心情和社会身份都有个安定所依之处。但对于高考失败的我来说,我是一个没有任何身份的人。虽说可以自称为补习生,但我心里面并不太乐意去上补习学校,所以我在各个方面都找不到归属感。

那时候我心底最强烈的愿望就是,将来我绝对要证明这段岁月绝非毫无意义。正所谓"祸兮福之所倚,福兮祸之所伏",我相信事情如果过于顺利,那么肯定会隐藏着祸患。我坚信着如此,所以我决意决不放弃。

后来终于进了大学,却被一个比我年纪小但却是应届考进来的学生出言不逊。原本是同一年级的同学,结果却要被当成学弟呼来唤去,这种不痛快真是难以忍受。因为我在复读的这一年来,也是经历了许多难以想象的精神上的修行啊,为什么会不如应届生呢?

"圈子"一词,原本是圆圈的意思。大学生们有所谓固定玩耍的圈子,对此我可以说是十分憎恶。我特别厌烦那种大家肩搭着肩围成一个小圈子,仿佛洋溢着一团和气的模样。在那段时间我算是个危险人物,对每个人都找茬挑衅,破坏所有的关系,凡事我都独来独往。不管是人也好,书本也罢,我都会选择有实质意义、有内涵的人与事物。而现实中真的很难找到这样的人,所以我唯一的好朋友,是与我同样感慨"生不逢时"的同年级同学。

书籍也是,我固执地坚持着绝对不看现代读物和流行畅销书籍。在大学快要开学的那段时间,正是村上春树的处女作《且听风吟》大火的时候,但当我阅读那本书的时候已经是很久以后了。《且听风吟》讲述的是女人们都认为非常英俊潇洒的男主人公的彷徨与孤独,这与我所饱尝的孤独完全不同。

当我过了三十岁、打算抹平孤独的伤痕而拿起这本书之时,我深刻感觉到已经无法对作品产生共鸣了。

或许可以解释为那时候的自己还是太年轻了,还很年轻气盛。对于现在的我来说,那时候的自己毫无疑问都是太过轻蔑以及过剩且无聊的自尊心。但当时只想要保护好那样的自己,所以那时候可以说是生活在有史以来最大的孤独感之中。

实际上,我那时候几乎把所有的好心都当成歹意来对待。

"这样下去可不行啊,要把命运欠我的十倍、二十倍给我还回来。"

那是第一次,我深信自己的过度不幸也是一种力量。然后明白,我可以把那份孤独感转化成巨大的能量。

孤独之中的光明

正因如此,我记得那个时期的我开始变得沉默,平时不再和他人说话。其实也是没有人会和我说话。只有在书店和澡堂会对人点头致意,在吃饭点菜的时候会出声:"谢谢,欢迎下次光临。"一天就在这样的例行问候中度过了。在这样的孤独之中,我自然而然对远在他方的人有亲近感。

回首以往,那段时期阅读过的书籍,即便时至今日也依然是我的心头所好。相对来说,那都是些十分黑暗的书籍。因为我偏爱看围绕遗书的作品,可想而知,《一个明治人的记录——会津人柴五郎的遗书》、《贝多芬的一生》、《梵高的书信》,以及米勒、歌德等其他伟人的相关作品都是我的最爱。他们作为伟人已经无人不知无人不晓,但在日本,这些作为孤独的先行者的价值已经被人们遗忘殆尽。但他们留下的著作,尚可以令人代入自己的感情而沉迷专注地阅读。

以大音量播放着第五交响曲《命运》,渐渐地耳边不再听见贝多芬的音乐，仿佛整个人都和贝多芬融为一体。翻开梵高的画集，注视着他的自画像那一幅，高更和梵高之间的友情以闹到割耳作为收场，他们的懊悔与遗憾仿佛也感同身受。

从小就以"神童"而闻名天下的莫扎特，从某种意义上来说应该也会有一种无可奈何的孤独之感吧。因为那种高于世的才华，世人也真的就无法理解。那些身怀过人之才的孤高伟人们，我深深地沉醉于他们的人生阔论以及所构建的心理世界之中，彼时彼刻，我常常会感慨："啊，这凡俗的人世没有什么事物能和这个人相关呢。"遂把他们引为精神上的知交。对于那些优秀之人所怀有的莫名孤独感以及苦于周围人的不理解而产生的焦躁感，我对此完全感同身受。歌德先生和梵高先生于我来说，是生命中唯一的灯火一般的存在啊！

现在回忆起来，那时候最能令我产生共鸣的正是所处年代离现代最近的小林秀雄①先生。他很清楚地了解，当时我的感觉与时代感完全不兼容。拜读小林秀雄先生的作品，对我来说仿佛就像在与故去之人交谈一般，仿佛与其他人都处于一个不同的时空之中，竟然有种不可

---

① 小林秀雄，1902—1983，日本作家、文艺评论家，确立日本文艺评论的灵魂人物。

思议的快感。在那孤独的黑暗之中，我仿佛追寻着一道光，漂浮着，游荡着。

还有一个人，就是坂口安吾①先生，我亦十分倾心于他。安吾的处女座《堕落论》，因其文风、语感和气势而广受欢迎。但就我个人而言，我更喜爱如《石的所思》和《魔鬼的无聊》等，那些带有安吾先生无处安放的孤独的作品。他因为憧憬佛学所以自学了梵文，甚至因为过于专注学习而患上了神经衰弱。为何要拼命到那个地步呢？我却觉得这一点和我自己十分之相似。

从语言学来讲，某种要素会令你不自觉地深入钻研。在所有考试科目中，我的英语成绩是最好的。作为提高英语水平的一种方法，我一直都喜欢阅读伯特兰·罗素②的英文原著。虽说这些书籍和考试内容风马牛不相及，但每次翻阅之时，总有一种欣喜感："原来这世上还有人能够如此一语中的地道出人生的真谛啊，英语原来是这么简洁明了的一种语言啊，真是太美了！"

我在当时，对英语的印象还停留在像"Oh，Yeah"

---

① 坂口安吾，1906—1955，日本作家。
② 伯特兰·罗素 Bertrand Russell，1872—1970，20 世纪英国哲学家、数理逻辑学家、历史学家，无神论者，也是 20 世纪西方最著名、影响最大的学者与和平主义社会活动家之一，1950 诺贝尔文学奖得主。

"Of Course"这种浅薄空洞的内容上,以及很反感一问一答的那些英语文章。直到我接触到罗素那样优美的英文作品,仿佛用语言就能阐述人生的真意,从而心情瞬间变得美好起来。假如在试题中出现与罗素相关的内容,我甚至不用看文章摘自何处,就能马上作出判断:这是罗素的作品。而且,大约只有我一个人能判断出来吧。于是考试情绪高涨起来,甚至忍不住会在答题纸前小小地做一个胜利的手势。

细数起来,从复读那会儿到现在,也已经过去二十五年了。不可思议的是,那时候的焦虑和不安并没有随着时间的推移而消失。某时某刻,那些不愉快的记忆依然会浮现出来,历历在目。但是我想说,如果说有什么东西造就了我现今的精力充沛、支撑着我对于工作的热情,毫无疑问,便是这真实的孤独感。

现如今,或许是因为精神强大了又或许是因了时光的变迁,我都不至于再把自己逼入孤独之境。我的想法也得以改变,那时候独自一人的时光是多么的宝贵啊!

孤独的时候积蓄力量

上大三大四的时候,我的人际关系略微有所好转,但进入研究生时代,却再次恢复了孤独。可悲的是,研究生院这个地方,仿佛和我完全不搭。

我之所以会读研究生,是因为我立志想要改变日本的教育现状。但我发现我与其他人的思维方式和想法实在是大相径庭,渐渐地这些全都体现在了言行上,最终使我变成了一个刺头。我和教授也相处不好,做任何事情都没有干劲,每天就只是听音乐看电影。至于要问为什么是音乐和电影,时至今日我自己依然不甚明白,大约我就是想让自己心情轻松、愉悦一点吧。一般大家都必须在研二时把硕士论文写好,但我却完全不在状态,其结果是我变成了一个完全没写论文的研究生。

最重要的问题是,我和研究生院这个地方根本不相容。或许是我更需要工作吧,而跨入职场对那时候的我来说尚遥不可及。因此我始终处于一种焦虑的状态,哪怕是在教室学习,也感觉自己十分压抑憋屈,进而更加焦躁不安。

所以，我这是怎么了？

是自闭吧。

当时，在东京大学的教育学科计划是改造一间教室，为了能吸引学生特意采用了铺设榻榻米的改造方案。虽然有时候研讨会会占用那间教室，但大部分时候都是处于空置状态。而研究生们是没有自己专门的教室的，因为我十分喜好榻榻米，所以自然而然就成天泡在了那间教室里。

这或许算是非法侵占。我那样长时间占据那间教室，或许其他研究生也不会进来了，大概是我身上散发出的不友好气息，令其他人都不愿意靠近？现在想来真是十分抱歉，即便我在念博士课程期间，每天也会在学校待到晚上十一点。那个时间学校的正门早就已经闭门了，所以我都会翻墙出去，我也不知道自己为什么要在同一个地方待那么久。那是一段翻墙回家的岁月啊！那个期间我一直都待在那间榻榻米教室里面学习，甚至也会在教室里直接睡过去，基本上每一天我都会在那里度过。这种强度很多人会觉得不可置信，简直超出人类的承受范围。但没错，我曾经就是那样拼命地学习。

没有人能够理解那样的我，即便我解释了也没有人能理解，我甚至认真地考虑过不再和其他人沟通。除了无聊的对话外，那些重要的事以及涉及内心想法的部分，我认为还是不要和他人沟通会更加省心省力。倒也不是小人之心地认为把自己的想法告知他人会被盗取，只不过当时是认真地想着，若诉之于口则用于书写的精力就会被夺走。现在的我已经完全没有那种想法了，而且经常都是我一味地在述说，这是那时候的反作用后遗症？

不知是否因为积累了太多的想法从而真的提高了生产性，我在读博士课程之后，确实开始不断地写论文。当然，论文不会变成钱。此外，由于也没有其他事情可做，我就草率地在这个时期结婚了。

男人这种生物在单身的时候大部分都是不成熟的，而一旦进入婚姻好像背负了某种命运一般，突然就觉悟了。要说具体体现在哪方面，那就是论文。可以说我好像化身成了论文行家，一篇接一篇地写，出了很多论文。这些也都是我孤独的第二阶段的纪念。

孤独的第三阶段，是我连研究生的身份都失去了，失业在家却有孩子要抚养的时代。这数年的时光是无法用语言去描述的悲伤，那段时期的我就像是一壶劣质无味的酒。在这里我要向那时候和我一同喝酒的人们道一声抱歉。

暗黑的十年像是一个洞穴,从幼年时期就十分随心所欲的我不知不觉间就掉入了其中。看上去我明明和孤独风马牛不相及,却也会有精神上险些失衡的时期。但是,事实上正因为孤独,让我对"独行者"有了领悟。确切来说,是切身感受到:"啊,结伴同行也会有无法到达的地方呀。"

对于登山者来说,即便是有登山团队,但也还是独行者。因为没有人可以帮助自己攀登,也没有人可以代替自己攀登。真实的登山是十分痛苦的,我并不擅长。但精神上的攀登不知为何我却得心应手,并且一直踽踽独行着。若是有人伴我前行固然好,但我更希望的是志同道合的独行者可以偶尔一起攀登。这便是再好不过的事情了。

第二章

作为"独行者"而活

首先要决意离群索居

抱团并成功的人并不存在。

当你想要学点东西的时候,首先请脱离群体独自一人行动起来。这是最基本的姿态。比起脑袋的好不好使,书读得够不够多,这些都不重要。有没有成为独立的一个人才是问题关键之所在。

我有时候会在那种可以容纳两三百名学生的大教室里授课。学生们几乎全都是三三两两成群结伴地一起来上课,独自一人来上课的学生可谓是屈指可数。这其中还包括一部分只是偶尔没有朋友陪伴的学生,所以真正独自一人推门进来的人就更少了。

恐怕学生们自己都没有注意到,这是一种"所谓成群结队的消极关系"。可能有人会说了:"刚好和朋友选了同样的课,一起出席有什么错吗?我们又不是在课堂上一直聊天。"但是,要我说的话,如果旁边有朋友存在是很难深入学习的。我经常教育他人:为了能让自己专注、认真地做一件事情,不要抱团,要离开群体。

但话说回来，只是口头说明的话，想必大家很难理解这一点。实际上，如果把伙伴们分散开来，一个一个地和我面对面的话，就可以感受到结伴行动时所没有的感觉了。"二人相对"或者称之为"一对一"的对话是十分重要的。

若是读书，那与书的作者可以说是一对一的状态。若是授课，与教授可以说是一对一的状态。当双方都十分认真且怀有一决胜负之心时，自然而就会有所收获。反过来说。如果是纷纷扰扰的意识或态度的话，那么你就只能获得有限的东西，学习的能力也会下降。

当然，平时和朋友打打闹闹并没有任何问题，但你必须要明白的一点是，学习的第一准备是要独自一人。因此，为了打消结伴关系，在我的课堂上我都会让这两百多号人全部调换座位，我会让他们把书包等物品全都放在一起，完全不认识的两个人组成一个小组。仅仅如此，课堂上学习的劲头就完全改变了，真是有趣啊！

同样，我也会在小学生的补习班上施行类似的"编组游戏"。所谓编组游戏就是把一百多个孩子分散开来，按照"每组五人男女混搭"或者"每组三人"等规则，把他们组成固定人数的小组，分组要以最短的时间去完成。这个游戏看起来像是集体游戏，但实际上可以说是一个单人游戏。

例如,在"五人一组"的规则下,最后有一组变成了六人一组,那么就必须把其中一个人摘出来,即使说如果没有人主动想独自一人一组的话,那么分组永远不能成功。这种分组不管重复多少遍,孩子们的行为都不一样。在我的补习班上,小学一年级到三年级的学生们现在已经可以在二十多秒内完成这个分组游戏,但如果是完全没有经过训练的孩子,根本没办法做到。

所以说这个游戏看起来简单,其实难度很高。为什么这么说呢?这个游戏是为了让他们和朋友分开或者说敢于让自己变成多余的人,最后要让他们学会"即便只剩自己一个人也无所谓",这才是学习的基本前提。这个游戏正是为了让他们牢记这一点,所以说意义深远,我认为这对日本人来说是很有必要的一个游戏。

现如今的小学、初中、高中里,为了防止自己被欺负,相互结伴似乎逐渐成为一个生存小对策。但是,如果这是理所当然的话,随着班级内的权力所属小团体的变化,当你变成独自一人时仿佛会没有容身之处。如果养成了这样的习惯,那么每当一个人独处时,精神会变得十分不稳定,并不恐惧于独处。

综上所述,能够独自生存、与任何人都可以立即组成团队的人的独立性特别高。在大学的课堂里面，有些老师会让学生进行四人一组的演讲比赛，选出优秀的一名后就立刻解散这个小团体，这样的团体就不需要顾虑那么多关系。如果固定结伴的话，就无法做到公平地提名。若两个人都是自己的朋友，不管选任何一方都觉得不太好。如果每个人都是单独的个体，就不需要特地去关照哪一方了。

画家冈本太郎在《自身有毒》（青春文库出版）一书中如是说：

总之，世人都过分爱惜自己，对他人都半心半意，不会把自己的真实状态对外展示。所以，人都有两面性。

自己也会察觉到这一特性，对方也会因此感到隔阂，就不会愿意继续深入交往下去了。

为什么需要让朋友们觉得自己是一个愉快的家伙呢？这样的人其实是自动地在关照别人，给他人带来良好的感受。但这种行为与其说是为了他人，不如说是想把自己打造成一个好人，想把自己放在一个轻松愉快的位置上。这种行为还是多加思考一下比较好。

如果更多地释放自己的真性情会怎么样呢？

不特意想着令朋友感到愉快，打定主意就算被朋友孤立也无所谓，这样坚持最真实的自己，就能真正意义上成为让大家都喜欢的人。

（摘自冈本太郎《自身有毒》）

顺便说一句，从初中到研究生我都有一位好朋友一直和我厮混在一起。可能你要说："你不是有结伴的朋友嘛？"但在大学和研究生时期所交的朋友当中，几乎没有人注意到我和他是从中学开始的同学。为什么呢？因为我们基本上从来不结伴行动。恰巧上同一节课的时候，我和他也会坐在离得很远的地方。这样不会失去良好的紧张感，可以专注、尽力去做事情。

我和那位朋友现在几乎没什么碰面的机会，但是，直到今日我与他的友情也一直是我前进的力量。

目前的自己够好吗?

在我的研讨会上,会有很多"无法融入其他团体"的学生来听讲。这些人在与其他人的人际关系上,不知不觉间就会被隔离开来,简言之即找不到自己的位置。但是他们在我的研讨会上却突然会变得积极、活泼起来。

观察这些学生,我发现了一点:和那些融入集体的学生相比,独自一人的学生明显更加活跃。也因此他们会对自己的期待过大,某种内在的压力会造成他们无法融入他人。生活中这样的例子也很常见。

这种对自我十分期待的能力,我称之为"自期力"。"我将来肯定会大有作为""我才不像其他家伙那样平凡"……越是年少就越是会产生这样强烈的想法。在我这年纪看来,这些孩子不过是略略有些自大狂妄罢了,但在他们的同班同学等同龄人的眼中,会觉得这些孩子傲气得令人作呕吧。

其实我自己也有那样口出狂言的年代。这绝非因为憎恶、嫌恶他人而产生的偏激想法,而是不愿意泯然众人寂寂无名的想法，最终化成了傲慢表现出来。我并不赞赏这种想法，但那样的心情我确实很能理解。

有趣的是，这类自我期待值十分高的人，可以毫无违和感地相处在同一屋檐下。那种情形下，与随意组成的集体相比，交往方式明显地略有不同。

所谓结伴关系，也可以说是一种商议状态。"目前的自己就很棒，暂且先这样吧"，这样令自己笼罩在一个安定的状态，同伴们会互相称赞对方"真好啊""真好呢"，安然地把自己的底线控制在一个较低的范围内。但如果是那种自我期待十分巨大的单独人士，可以商议的底线并不低，甚至是设定得非常高，因此在进行自我认定的时候，就会觉得目前的自己完全不够好。虽然会给自己带来极大的负担，但我认为却也是提高自身实力所必不可少的精神构建。

浅野温子所著的《投球手》（角川文库）一书中的主人公原田巧，正是一位因为"自期力"而成长的少年，通篇文章都能让读者感受到原田巧的内在压力巨大。原田巧作为一个投手，对自己的才能有着绝对的自信。他孤高地进行训练，也因为那份努力让他更加加深了对自己的信赖。如此良性循环确实十分难得，但原田巧因为自己能投快球就认定自己是顶级高手，从而肆无忌惮且傲慢地对朋友说出了"别随便碰我"这样的话。

原田巧也认为自己有难以控制的一面。但话说回来，青春期嘛，某种程度上谁都有难以接近的一面。类似"别随便碰我"这种吓唬他人的言行，在一生当中谁都有过一两次这样的经验吧。

青春期时，在家庭中你也会变成独自一人。但随着年龄的增长，这样的情况大抵会慢慢消失。

那么这段时期会发展到什么程度呢？

不同的人会有不同的发展结果，比起可能因此而自我压力过高，更有可能的是精力停滞。这一点虽然有些问题，但不容忽视的是，只有年轻才能保持高度的"自期力"。我即便到了三十五岁，也依然保持着自我期待的能力。当然，我并没有把所有人都视为对手，但即使是上了年纪，我也拥有着比其他人更为自负的心："我的实力可不仅仅于此哦。"

也因此，我会有这样的一种心情：要和每个阶段的、过去的自己，也就是昨天的自己、一年前的自己、十年前的自己……断绝关系，破茧重生。就算在家人和旁人看来，我毫无任何变化，但我自己要像火箭升空的三段喷射那样与过去的自己告别，尽可能地朝着更远的目标前进。

"拿出结果来"这一咒语

如果无法学会排解压力,那么就会变得非常危险。一个人如果长时间保持精力过旺的状态,然后又无法转变成一个良好的形式,那么就有可能造成伤害自身。或者说,就会变成对他人只剩下满满的敌意。

这时候发挥重要作用的就是自我的客观思考能力。世人如何看待我?我在世人的眼中处于何种位置?把这两个问题看穿、看透,即是所谓的**自我客观思考能力**。

主观上的评价要多动听就可以有多动听。但那并不是真实的自己,也会令我们无法客观地看清自己。如果真变成了那样,那我们就会像齿轮卡住了一般无法转动,会变得与这个世界无法相嵌,宝贵的精力就会被浪费,空忙一场。

如果你现在不认同这一观点也没办法,就算你认同,要接受这样不完整的自己也是一件很痛苦的事情。我也曾有过那样的经历,所以我要拿出我珍藏的咒语教给大家:"拿出结果来。"

就只是这一句话而已。我把这五个字写了下来，贴在我随时可见的地方。

为了能拿出结果，就必须要付出艰苦的努力。但是，无论你对自身有何种期许，也有可能因为被空想所支配而陷入不断循环、毫无结果的怪圈。这是年少时期经常会出现的状况。于是就会陷入做任何事都是徒劳的消极想法当中，结果招致悲剧——不会采取任何实际行动去改变自己。

为了不让自己最终变成那样，我从那个只看眼下的时代开始就一直对自己念叨着："拿出结果来"，我把这个当作造就一个伟大自己的命令或者说任务摆在自己的面前。"要是碰到个体谅下属的好上司就好了""如果那所大学录取我就好了"等等，类似"要是""就好了"这样的话，可以促使你想要去达成，但这种类似借口的语言，在运动或者围棋等需要一决胜负的世界里并不通用，因为在那个世界当中，结果就是一切。对于自己的人生，如果也能够常常保持着这种胜负意识，那么不管遇到什么事情都会有认真对待的觉悟。

仿佛永远都有用不完的旺盛精力，其实精力一年一年在衰退。为了能在三十岁以后过得精彩，就要趁着年轻的时候把精力变成赖以生存的技术才是关键。例如骑自行车这件事，如果在能够轻松骑车的时候都学不会骑车技术的话，那么老了就更不会愿意学了吧。因为不畏惧失败、勇于挑战，需要精力去支撑完成。当然，就算到了高龄，也可以挑战新事物，但是真正能做到这一点的人，大多是从年轻时开始就养成了挑战新事物的习惯的人。

在还有精力的时候学会一技傍身，就算有一段时间没有使用，只要重新上手就可以马上运用到各种工作中去。有一技之长才会被社会所认可。

如此想来，**独自一人的时间可以说是锤炼自我的时光，是为了能掌握一技之长所必须花费的时间。**事实上，曾在孤独之中锤炼过自己的人，不论何时何地应该都可以瞬间再回到那个身心状态当中去。

成年之后大家肯定会想，在青春期的那段时光，那逼迫自己的孤独感真是体会得够够的了，完全不想再去经历。但是，人正是在孤独的时候，才拥有更多的力量。我们可以不用像青春期那样频繁地感受孤独，但偶尔，例如在深夜、凌晨一两点的时候，把那孤独的灵魂再唤醒一次，也是十分有意义的吧！

和周围的人可以打成一片，但自己独处时也十分充实。

我想，这不正是成年人理想中的孤独的技巧吗？

孤独的时间里应做之事

无论选择哪条路，要让自己学会独自一人经受锻炼，学习一种技能，这一点十分重要。这是我沉迷于空手道和网球的时候，被教会的一点。虽说以比赛的形式进行练习会更有趣一些，因胜负而一喜一忧，但是如果不努力独自磨炼技巧的话，就没有办法作为选手参赛。

在棒球中，所谓的自由击球练习即是练习击球动作。越是优秀的职业棒球选手，就越是热衷于练习最基本的打球动作。在练习击球时，需要精练自己身体的细微动作，不管周围有没有人在说话，这都是一场孤独的练习。美国职业棒球大联盟的选手松井秀喜，在巨人队的时候，当时的棒球教练长嶋茂雄就让他做了许许多多的击球动作训练。在集训和远征比赛时，他会经常到长嶋教练的房间去，研究、练习击球动作。伴随着球棒每一次在空气中挥舞出"呼"……"哗"……的声音，教练会用眼神来做出反应，表达满意还是不满意。这就是传闻中他们在进行无言的对话。

长嶋教练也是击球动作爱好者，据说他自己在打球时也是会经常半夜突然爬起来练习击球动作。想象一下，半夜突然想要击球便猛地从床上起身，手中紧握着球棒出门。深更半夜因为在意自己的打球姿势，而控制不住地想要练习，真不愧是一流选手的风范啊。纵观那些二流三流的运动员，练习后总是直接去喝酒，喝完酒就直接睡过去的人也不少吧？

有趣的是，越是拥有一流技能的天才，独处时就越会思考自己想要达成的目标。换言之，独自一人的时间能否保持思考也可以作为才能的一个佐证。

我希望更多的人，在面对孤独的时候，能够拥有积极的心态去展示更多具有创造性的一面。因为不论是谁，如果听到这样的赞美必定都会十分开心："啊啊，那个人好有内涵哦""好耀眼啊"！

成为独立之人才会变成强者

事实上,艺术家们大多是善于孤独、精神顽强之人。即便是像亨利·米勒和毕加索等经常与女性牵扯不清、一日无女性就不能活的艺术家们,浑身也都散发出孤高的味道。

我十分喜欢吉田兼好的《徒然草》一文,每当我阅读这篇文章时,总能够深刻地感觉到,兼好先生果然也是很珍视独自一人的时光之人啊。文章中有这么一段话:"因无所事事独自一人而感到痛苦之人,是何种心思啊。正因为心中无乱我之物,仅我独自一人,才恰恰好呢。"我想兼好先生想表达的是:因无所事事的寂寞而感到痛苦之人是什么样的心情呢?我很难体会。远离凡尘俗世,偶尔让自己进入孤独的境地,明明是最棒的事情啊,若能拥有"独处也怡然"这样的心境,那么就可以一点一点地不再恐惧孤独,让自己变得更加强大。

此外,诗人兼作家梅·萨藤(May Sarton)也是一样,她主动选择了成为一个特立独行的人,如此才能从失意的深渊爬上来。萨滕因为公开了自己同性恋的身份，被迫放弃了大学老师的工作，甚至能否继续作为作家也成了一个问题。失恋和父亲的去世给她带来了双重打击，萨滕选择了独自一人搬到一个从来没有去过的地方，她体会着自身的孤独，决心开始重新出发。

萨滕在《独居日记》一书中写道："孤独是一种挑战，在挑战中想要保持平衡必定是一件危险的事情。"但即便如此，为了更加深刻地体味生存的意义，孤独是无论如何都必须经历之事，萨滕如是认为。

"有好几个礼拜了吧，终于只有我自己独自一人了。'真正的生活'要开始了。或许很奇妙，但对我来说，若我无法去探寻、发现目前正在发生之事以及已经发生之事的意义，若我没有独自一人的时间，哪怕是朋友或是热恋中的恋人陪伴在身旁，我也觉得这并不算是真正的生活。"

——摘自梅·萨藤《独居日记》

与他人在一起的时间总是会失去自我。当然，这并不是消极的意味，这是因为人会把自己谦让出去。所以，萨藤说，独自一人"回归到以自我为中心"是很有必要的。萨藤在孤独之中看到了一个具有创造性的丰满的时间与空间。

那些艺术家之所以精神上十分强大,恰是因为他们有能力把孤独中蕴含的力量化为一种技能。总之,**人类的强大之处在于能够成为一个单独的个体。**

当遇到挫折之时,人们会产生"这世上没有人是自己的伙伴,没有人能够理解自己"的想法,并被这样绝望的心情所支配。但是,难道不正是因为到了这样的境地,才更能够训练自己获得"只有自己才永远是自己的伙伴"这样的想法吗?只有对孤独这件事有更加积极的觉悟,哪怕这份觉悟只有一点点,当你在遭遇挫折之时,才不会灰心气馁、志气消沉。

要有断绝来往的勇气

老实说，我自己可以说是"超级"容易感到寂寞的人，甚至可以说我天生就与孤独性格不合。我父亲曾经经营一家公司，少年时代家中总是有人在。我在家排行老三，所以自小就是在双亲和哥哥、姐姐的疼爱下长大的，因此，在我到东京读大学的那段时间，对我来说，在某种意义上就是一场克服孤独与寂寞的试炼。每天回到一个人独居的出租屋总是会感到些许凄凉，所以我经常寄宿在不同的朋友家中。但另外一方面说，却也正好成全了我所喜欢独处的时间。人正是在独处的时候，才能够发挥出创造性。因为只有在孤独之中，人才能丰富自身、挖掘自身、获得浓厚且有价值的时间。我如是认为着。

古语有云：士别三日当刮目相待。如这古话的字面意思所示，三日不见彼此都有了极大的成长，这难道不正是度过孤独时光的最理想的方法吗？信赖的友人不需要一直陪伴在身边，在不见面的期间，各自在孤独的领域切磋磨炼自己，强健自己的心灵。对自己来说，有一个十分重要之人存在于某个地方，精神上就完全不会感到孤独。

现今，在十几岁的孩子当中，越来越少的人会想要去积极地去寻找独处的时间。在青年期，尤其是十几、二十岁的年龄，如果没有货真价实的实力，那么慢慢就会泯然于众。

从事一份好工作，获得丰富的人生。如果你想要这样美好的人生，那么我认为，在人生的某一个阶段，有必要尝试一下断绝与朋友的来往。

我有个初中同学，他一直想要通过司法考试。在大学毕业之后他几乎没什么时间来学习，为此经常发牢骚抱怨。当时的我几乎一天二十四小时完全在独处，可以说我正处于某种意义上的孤独之中。那个时候的我已经完全爱上了孤独，所以我对他说："你有这么多需要来往的人和事，根本就不可能静下心来学习，你搞反了事物根本性的优先顺序。"

人生总有需要一决胜负的关键时刻。所以，为了不让自己失败，凡是一切来往都要切断，打工也要完全停止，重新考虑生活的方方面面。如此一来，所有的时间就都属于自己了，二十四小时全都是自由的状态，虽然这期间会没有收入来源，但如果这一点可以克服，那二十四小时可以说全都掌握在自己手中。

那个朋友似乎被我的言论震惊了。过了一段时间我再见他,他对我说:"真的呢,与他人来往什么的一旦减少了,就多出好多好多时间来了呢。"他按照我之前所说的话去做了,在一通疯狂学习之后,如愿通过了司法考试。

把自己与世隔绝、彻底地逼入孤独当中,要这样持续一辈子的话也不太现实。但是,如果在考试或者大项目完工的特殊时期,这么做是十分有效的。

反过来说,如果有人被动地感到孤独,心情会变得十分寂寥。这是文学性的哀伤,好好体味这份哀伤也不失为一个方法。但我想说的是,**与其过分地恐惧孤独,不如主动地创造孤独,成为一个充实的孤独者。**

在我看来,在某个领域相当出色之人,必定十分擅长与孤独为伴。即便是能够与他人十分圆滑地打交道之人,在他们年轻的时候,必定也有那么两三年是在体验着孤独的。那独行的灵魂依然如暗流的水脉一般孜孜不倦地流淌着,可以自在地创造出一个人独处、充实且具有创造性的短暂时间。

我再举一个熟人的例子。他花费了数年的时间,翻译并出版了一本很厚且难度很高的书。在那期间,所有往来社交仅限于一次聚会,当中换场子两次,到第三次时就果断地拒绝了,也因此他被众人认定是难以交往之人。他把翻译当成某种毕生事业，至今已经年过五十的他，把那般孤独的短暂时光当成生活的意义，珍之重之。我知道后真的为之十分感动。

利用好只有自己一个人的时间，享受只有自己一人的世界，若可以做到，那么在你四十岁、五十岁甚至六十岁的时候，即便随着年龄的增长，也依然会有无数充实的日子。有人陪伴自然快乐，一个人独处也十分充实，但要做到这一点绝非易事。某种程度上来说，只有年轻的时候才能养成孤独癖。换言之，如果在年轻的时候没有学会孤独的技巧，那么年纪大了便很难做到。

一个人和朋友在一起安乐地度过每一天，突然有一天变成独自一人的话，难免会感到令人难以忍受的寂寞，甚至有可能渐渐地找不到目标、无所事事。一旦如此，就会变成常常流连于酒吧之类的场所，面对喜欢的美酒佳肴，能让心情短暂地变得愉快，这种人会渐渐把这种毫无发展性的快乐当成人生的目标。在酒吧里和其他熟客瞎吹牛，好像一副十分吃得开的样子，回家则倒头就睡。这样的人生看似与孤独无缘，但大概也就只剩下"我好好地活着呢"了吧。

一个人独处时该做些什么才好？这就是区分良性孤独与恶性孤独的关键之所在。

选择积极向上的孤独

观察我的学生们,我得出如下结论。在一天做的所有事情中,与同性异性的友情以及恋爱的比重占据了极大部分。不管是从时间还是大脑的分配来考虑,基本上全都被以上两项占据着。其余才是工作、学业等受拘束的时间,而仅仅只花费在自身的时间,更是少之又少,无时不刻都在抱着手机,直到睡前也不愿撒手。这样的生活节奏,想要一个人独处显然是完全不可能的。假如把自身比作一口泉水,这样的人是没办法蓄水、也没法汲取泉水的。

实际上从某方面来说,人类在回归到一人独处的状态时可以感到安心。拥有自我的时间,可以让人感到精神上的安稳。

想要和其他人处好关系的话,一定程度上的来往很有必要,但是有必要和周围所有的人都保持来往吗?我建议各位最好能够暂时停止一些来往,观望一下。我认为,在当今社会,与人交往和恋爱这两件事已经占据了人们大脑的大部分空间。

汲取自己身体中潜藏的泉水是一种技能。如果能轻松地做到自在独处，那么在他人的眼里也会变得极具魅力吧。"一个人独处也挺好"的这份思想上的清净，会让人产生安全感。

诸事不顺而一点点陷入消沉之中的孤独，威力无可估量。从事着不满意的工作时，必定是孤独的，甚至恋人和朋友都离你而去时的那种寂寞，都只能被动地忍耐着。但如果你能度过这种孤独，那么自己内心深处的自信将变得不可动摇，度过这段被动的孤独时期，然后积极地选择孤独。换言之，这类人为了想要做的事情，抛弃了原有的安逸舒适，这种人身上会拥有更深刻的光辉。

我个人其实很喜欢有一个搭档或者三人一组的模式。实际上，如果把哪些能够达成良好的协作关系的人，分为两人或三人一组从事某项工作，那么他们的工作进展就会十分迅速。但是，这种至少两人以上的融洽协作，是以每个人都是独立者作为先决条件的。与独自一人时高效率者组成搭档，在开始阶段两人或三人团队的能力就会加强。说起二人搭档，可能会联想到二人相声，如果两人之间的平衡不好，又或者离开任何一人都没办法一起登台演出时,那么双方或者单方就会渐渐从舞台上消失。总之,两个人是一种互相刺激的关系,作为搭档被认可意义并不大,作为一个独立的人互相认可才是最重要的。名义上搭档的存在,确实是在一个人独行时支撑他前往远方的勇气。

一个人的身体感觉

感觉本来就和"身体"密不可分。如果身体没有补充足够的水分和食物的话，就会感到焦虑并且无精打采，酷热和严寒的感觉也能迅速影响到身体。因此，作为生物来说，对物质要素反应最为敏感的正是身体。尽管如此，依然有很多人会无视"身体"，仅仅是单独抽离出精神来作为自我、自我意识等思考的依据。

实际上，在判断喜欢或讨厌、是否有必要等情况时，比起大脑的思考，通过身体的直观感受更能得出理所当然的答案。如果平时就与身体比较默契之人在进行这类的判断时可以说毫无停滞，也很少会出现反应失误，所以要学会与身体对话，与自己交往。这是在孤独之中，绝对不可以敷衍搪塞的重要感觉。

我曾经沉迷于瑜伽和参禅。在修行中，完全不用与他人沟通，所以这是彻底的单独一个人的状态。像瑜伽和参禅这种通过身体来检视自己内在的修行方式，可以让自身融入宇宙自然中。想要获得这种宇宙与自身融为一体的感觉，也可以通过其他方法来获取，例如集体呐喊"啊啊啊"来互相刺激对方的精气神，从而获得一体感。

但是，参禅是与这种发散性方式完全相反的一种。它是把精气神积聚在体内，正面去面对自身。如果仅仅在大脑中进行，那么最终就容易兜圈子，从而达不到想要的结果。总之，要相信身体的感觉，这才是关键。

参禅中最关键的一点是呼吸。通过关注身体来确认自我，这样可以更深刻地感受孤独。

闭上嘴巴，用鼻子深吸气，然后屏住呼吸，保持一会儿，接着尽可能慢地从口中缓缓地吐出这口气。按照"3·2·15"的节奏来进行呼吸，即吸气3秒、屏息2秒、呼气15秒。（具体可以参考鄙人的拙作《呼吸入门》一书［角川文库出版］，会更加容易理解。）用这种方式呼吸时，关键是意识要专注于空气进入身体和从身体出去的感觉，不能分散偏斜。这一点出乎意料地难以做到，直到最后吐出那口气之前，都必须专注，气息不能散。

吸一口气、呼一口气，在一呼一吸之间，可以捕捉到"一个生命的生与死"。当你吐出一口气时，可以想象成迎接了一次轻度的死亡，即通过反复的一呼一吸，体验由生到死、由死到生的感觉，从而让精神脱离现世，让身体铭记这种进入死亡、迎来新生的真实感。

我们都惧怕冷漠与死亡，但通过每一次的呼吸，可以不断地练习轻度死亡，那么你面对死亡的看法也会随之改变。人的一生都是徐徐衰老、然后在某个瞬间忽然消失的一个过程，我想我们应该坦然地去面对和接受。

第三章

孤独的技巧

不让自己安于现状的三个技巧

我认为,所谓工作基本上就是在某个位置上做事情。

其实有很多人深信,工作是用能力、用才能去完成的事情。但是,即便是如电影和电视的制片人、广告的策划等令人憧憬的职业,只要能够给予那个职位,多半的人也都可以很好地胜任。当然,在这些位置上的人里也不乏拥有绝对才能之人。但是,无论是谁,只要在这个位子上慢慢地积累经验,差不多都可以胜任,难的是如何去获得这个职位。

反过来,一旦职位到手了,有些人就会满足于现状或者说习惯目前的状态,那么,他们也就不会重新审视自身了。他们会在这个位置上安于现状,渐渐地这种精神状态会把人变成废柴。一个人在三十岁左右刚刚获得了自己所希求的职位时,或许是生龙活虎意气风发的一种状态,但当他在同一个职位上待到五十五岁时,为什么就很难保持住那份对待工作的狂热和精力充沛的状态了呢？

想来，并不单单是因为年纪大了精力枯竭的关系吧？可以清晰地看见，"安于这个职位的感觉"已经稳稳地盘踞在他们的身体之中，不管目前是六十岁还是七十岁，每天都能够保持战斗状态之人，是因为时常具有创造性因而看起来十分年轻有活力。

创造能力与职业本身是否具有创造性毫无关系。公务员中也有极具创造性之人，创造性强的职业当中也会有没有创造能力之人。是否要在那个职业当中继续新的挑战呢？事物是否创造出了新的意义？能否持续挑战下去的支柱便是要有强烈的"决不能局限于此"的坚定决心。

不论从事何种工作，当到了一定年龄时，连续不断的紧张感都会让人感觉自己一年又一年的忙碌很辛苦。很多人在过去的十年中一直处于工作状态，自身完全没有得到释放和舒缓。当然，他们肯定积累了很多经验，应该不存在无法胜任工作的问题，但是，即便如此，当激情的光辉暗淡下来时，人们就会变得安于现状，不会再检视自身。

＊自我检视

＊保持教养，使之作为反视镜

＊写日记

以上三点便是我想推荐给各位的"自我检视的技巧"。在孤独的时间如果能有机会做到以上三点的话,那么挑战新事物的决心就永远不会被熄灭。

1. 自我检视

(1) 利用"镜子"自我检视

我们一般会通过镜子来检查自己的容貌与姿态,但在这里我提出的是**"检查容貌之外的镜子"**的使用方法。

看看镜子里的自己。这时候你会感觉自己意想不到的普通,简直不想和自己搭话。"我有点太胖了吧?""气色好像有点暗淡啊?"……请从这类最简单的问题开始和自己保持对话。这样养成习惯之后,就可以升级到精神层面的对话了。例如"你是在做着自己真正想做的事情吗?""你还像是二十岁那会儿那样充满干劲儿地拼搏吗?"等等,这样你就可以做到熟练地向自己直接提问。作为自我检查的道具,镜子是最好不过的东西了。

女高中生们在地铁上化妆时,会一直照镜子。尽管她们这样没完没了地照镜子,却依然有看不见的地方,那就是自己瞳孔之中的光芒。眉毛和鼻子不会对我们说任何话,但是"眼睛是心灵的窗户",眼睛是可以诉说的。面对着镜子,凝视自己的双眼,里面也在回望着你。有另外一个自己,就在那里凝视着自己。

我有一段时间还很认真地训练了这种方式。一旦尝试去做这种凝视,马上就会胡思乱想,很难开始和自己认真地对话。"通过镜子和自己面对面",是可以加强与自身对话的技巧,这是每个人都必须要掌握的基本技能。

听说加布里埃·香奈儿女士[①]在自己房间的正中央放着一面镜子,这并非因为香奈儿是一位超级大美人。虽然我想她肯定也会利用镜子检查自己的着装和容貌仪态,但她照镜子亦是为了与自我沟通。香奈儿原本就十分喜好哲学的东西,也更加重视自我反省并珍视读书的时光。独自一人的时候,她并非是一个人发着呆,而是用来凝视自己。如同香奈儿女士这般,十分珍视面对自我的时光之人,都很明白自己的内心深处隐藏着的孤独。香奈儿在修道院度过了她的童年,可以说完全掌握了孤独的技巧。虽然在她的晚年,她与有富有的实业家亚瑟卡佩尔、俄罗斯的迪米特里大公、意大利的威斯敏

---

① 布里埃·香奈儿,法国时装设计师,香奈尔品牌的创始人。

斯特公爵等数名男性传出桃色新闻，也与柯蕾特、考克托以及毕加索等成为好友，但可以说她依然十分擅长于孤独。

有趣的是，人生越是一帆风顺、毫无挫折之人，就越容易满足于现状。另一方面，乍看阳光开朗、心无尘埃之人，有可能内心深处隐藏着阴暗的部分，并在为之挣扎。有些人正因为经历过那样阴暗的时期，所以更不想再重新经历一遍那样的时光。又或者，正是因为那段时期造就了现在的自己，所以十分珍视那段经历，把这份热情隐藏起来，当成自己最后的壁垒，绝不退让。

这是人类的一个典型特征。就像香奈儿一般，即便从小被孤独所包围着，也没有变成孤僻的性格，反而成长为一个阳光开朗自信，善于与他人交往之人。但是，这类人当想要一个人独处时，也可以清晰明确地对朋友表达出："我想一个人呆着了，你可以早点回去吗？"对于日本人来说这是很难说出口的话，但确实我们应该学习那份热情，想要和他人处理好关系时，哪怕不会每天晚上都和这位朋友喝酒也可以办到。

创造一些个人空间，思考一下"我现在应该做什么呢？"我想会得出答案的。

不让自己安于现状的三个技巧

(2)规范的内省法

有一个规范的方法可以帮助大家正视自己的内心,即内省法。在房间里立起一扇屏风,把自己围在中间。连续三天到一周的时间内,一天十几个小时一直持续不断地检视自身。吃饭可以让人送进来,总之一定要坚持一个人呆在屏风之中。在施行内省法时,禁止接触报纸、电视等一切信息。

至于在屏风中到底到要思考些什么呢?围绕父母、兄弟、配偶、公司的上司和同僚等迄今为止和自己有来往的身边的人,要思考自己从他们身上得到了什么、为他们付出了什么、给他们添了什么样的麻烦等等。在迄今为止的人生中,将你所付出与接受的关爱、善意、嫉妒等进行一个回顾总结。神奇的是,一旦你开始回溯过去,对他人的感谢之情会惊人地喷涌而出。

特别是对于双亲,我们从父母那儿获得的太多太多,毫无疑问,感激之情会涌现出来。就算是那些平时对父母呼来喝去的人,也会蓦然开始自我反省。当回忆起自己从双亲那里获取的东西时,瞬间你就会明白自己是如何被爱着的一个存在。

能够平安无事成长至今,必然是多亏了很多人的照顾。即便是对某人心怀怨恨,当你回过头再去看,就会发现问题的关键点，从而放下这份烦恼。

"越是认为自强自立之人，越是容易给他人造成麻烦。"这句话真是至理名言啊。

在喜连川温泉有一家柳田鹤生主持的宗教建筑，我曾在那儿进行过一次内省。

所谓内省，即是净土宗修行法中的自我省察法的基础上，一个叫吉本伊信的人进行了深入的探究，从而得出的自我启发法。虽然这是从佛教思想演变而来，但几乎没有任何宗教意味，它能够很好地将孤独技巧化。

有些心理疗法会让你直面自己心中的伤口、调解伤心之事，但内省法正好相反，它强调只回忆那些别人给予你快乐等单纯愉悦之事。曾经获得过的帮助却忘记了，得到的善意却没有注意到，反之，自己对他人的付出却牢记万分，这就是人类的特性。所以我们要打破这个盲点，要彻底地回忆起"给予和索取"中"索取"的那部分，你就会对万事万物心怀感激。在宗教建筑内体验内省法的感觉，有点类似于洗涤心灵污垢。

内省法也可以在自己家中独自进行自我反省。但现实是，要从日常生活中完全剥离开来融入完整的孤独境界，除非是在那种内省研究所等特殊的空间，否则是很难做到的。就连弗洛伊德①为了了解自身，都要使用催眠来做辅助。大家可以在家中稍作尝试，如果是个人独自尝试的话，可以借助笔记，会有很好的效果。（在此顺便一提，如果是在前文所提到的宗教建筑中所进行的集体内省时，原则上不能带笔记本等工具进去。）

我在授课的时候，比起安静地聆听，我更愿意让学生进行讨论从而加深对内容的理解。通常，我会尽可能地让互相不认识的人组成一组，如果互相是熟识的人，很容易散漫地聊天。假如组里面的每位成员都是单独的个体，那么就很容易营造出良好的紧张感。利用这份紧张感，首先要让学生们分别把自己对课题的理解和想法写在纸上。

人在进行书写这个行为时，会进入孤独之中，可以自然地达到与自身面对面的一个状态。而当结束这个步骤之后与他人面对面时，那么讨论的内容就会变得更加凝练、充实。这与没有进行深入思考而直接进入讨论所获得的效果是大不相同的。书写这一行为，是深层挖掘自我、深入思考的钻头。换言之，也是内省的一种代替方法。

---

① 弗洛伊德（Sigmund Freud），1856—1939，是奥地利精神病医师、心理学家，精神分析学派创始人。

2. 保持教养，使之作为反视镜

上面说到当你想要和自己的内在面对面时，可以通过内省这一方法来挖掘自身。而当你想要从客观角度来审视自己的话，可以通过教养等外在的信息来充实自身。

也正因为如此，一个人在孤独的时间里如何丰富自己的精神，决定了他魅力的高低。话说回来，现如今的日本似乎并不把知性与教养当作是一种魅力。现在，越来越多的人并不把理智当成是一个重要的东西，也就不会特地去学习、磨炼自身的教养了。但是，这是可笑的。因为不论是谁都会对拥有智慧和教养的人产生好感。

不论是男性还是女性，或许会有人觉得，只要擅长聊天又幽默风趣就不行了吗？但是，如果充满风趣之人能够偶尔展示自己孤独的一面，就会更加棒吧！

智慧就像人们内心深处一汪澄澈的清泉。任何人如果不是独自一人浸身于那泉水之中，都无法持续保持自己的光辉。因为独自一人度过的时光，能够制造出某种他人无法轻易混入的高雅。所以，由此而生的孤独，与排除他人、自我孤立的孤独是完全不同的。

在日本有一个词叫做"学霸"。在我看来,这是一种"绑架"他人的不良表现。从这个称谓中,我们可以感受到对那些独自拼命学习之人的轻蔑,和劝导其他人不要拼命学习的嫉妒心理。英语中也有类似于"学霸"一词的意思,如"grind""dig"等,但原本这些词的意思是孜孜不倦地学习、努力地深思,总之,绝没有贬义的意思。

另一方面,那些拼命参加体育活动的人,也会被人称为"运动痴"。但这个称呼更加阳光一些,带有对那些明知自己不擅长却仍然迎难而上之人的一种赞扬的心情。

但是,"学霸"一词,丝毫不像"运动痴"那样含有尊敬的语感。因此,在社交上大部分人会不喜欢那些优先想要提高自己的人,这是由于嫉妒这一阴暗心理的影响。想要消除那样低级的同伴意识,磨炼自身的教养这不失为一个恰当的方法。

独自沉迷于某种事物的人肯定是位强者。那些名留青史的大文豪和大艺术家们,有的是社交能手、是社交界红人,手中握有大量高端的人脉关系;反之,也不乏有的在牢狱中独自舔舐着无人理睬的心酸之人。但即便他们的性情与境遇大不相同,毋庸置疑的是,他们必然都曾在某段时期磨炼过孤独的技巧。

例如，美轮明宏①先生在年轻时就集美貌与才华于一身。加之他本身具有高超的智慧和教养，直到现在依然魅力四射。他接触了许许多多的书籍和多种艺术形式，努力把世界上的智慧都加诸于己身，他可谓是"充实的孤独"之人的最佳典范。

接触音乐、绘画等诸多艺术是一件好事。比起书籍，这些能够更加直观地表达感觉。接触一些美好的事物，可以让人们心中的希望苏醒，无条件地令人变得更加强大。

想要磨炼教养、正确地认识自我的价值，读书是不可或缺的途径。独自一人的时间用于阅读应该是理所当然的吧?!但是在现代社会读书之外的娱乐活动越来越多，很多人已经无法掌握读书这一技能了。读书与不读书之人，过十年、二十年再回头看，两者之间的魅力会完全不同。

美国作家保罗·奥斯特②也曾无数次战胜过孤独，

---

① 美轮明宏，1935年生，日本创作歌手、演员。他以一身女性打扮为人所熟识，出席公开场合时均戴上黄色的假发及穿着裙子。美轮明宏年轻时相当美貌，早期在屏幕上多以女装反串演出。

② 保罗·奥斯特（Paul Auster），1947年生，小说家、诗人、剧作家、译者、电影导演，被视为是美国当代最勇于创新的小说家之一。

磨炼过自己的心性吧。写作曾经是他的梦想,所以他坚定地完全不考虑一边工作攒生活费一边写作这样的双重生活。在实现了自己的梦想之后,他在自传体散文《红色笔记本:真实的故事》一书中回顾当年跌跌撞撞走过的路,他自嘲说那是"鲁莽的、不切实际的"的选择。

奥斯特在还没有找到合适的途径去达成自己创作的野心时,也就是他还在哥伦比亚大学读书期间,参加了巴黎留学计划。在巴黎的那段时间,他疯狂地、如痴如醉地饱览了无数书籍。

回忆那段时光,当我回想起自己吸收、阅读了多少本书籍时,连我自己也难以置信。我饮干了数之不尽的由各种书籍组成的无数国度、无数大陆,将它们全都啃食殆尽。即便如此,我依然毫无倦意。伊丽莎白王朝戏剧、前苏格拉底哲学、俄罗斯小说、超现实主义诗歌……脑袋中好似有一团火在熊熊燃烧着,又仿佛这些都是我生存的必需品,我不停地、贪婪地阅读着。

(摘自保罗·奥斯特《红色笔记本:真实的故事》)

毋庸置疑,这海量的书籍成为他日后创作的养分。

说起来,现在不再有这种如同追寻灵魂伴侣般的读书习惯，我感觉这与最近的占卜风潮也并非毫无关系。在占卜中如果被断言为"你是这样的人"，渐渐你就会不再主动去挖掘自身的内心深处。如果把占卜作为了解自己的一个踏板也未尝不可，但如果将所谓的幸运物、幸运食物滥用在生活的每一处，对于这样的人我想奉劝一句："想要运气好，就必须放弃那些依赖物才行。"

若是深入思考自身以及自己的价值观，那么就不会迷惘徘徊于运气的好坏这种非常暧昧模糊的价值基准之中了。

3. 写日记

高中时代，我在开始大量阅读的同时，也开始了写日记。记得是因为我父母亲对我说，写日记是一件好事情。而我并非每天都在日记本上写下当天发生的事情，当我有任何想法时，才会立刻在笔记本上记下来。可以说这是一种不加修饰的、粗糙的日记。回想起那段孤独的时光，与他人的交流越来越少，这份日记也就成了我的思考的记录。

有时候也会连着两三天都不会写一个字。我个性的觉醒也正是在那段时期。当我有在意的事情时便会把它记录下来。即便到今日，我仍保留着在笔记本上写点什么的癖好。

当年纪大了之后再回过头来看当时写下的东西,甚至会羞于给其他人看到。因为那尽是一些对自己过分肯定的篇章。那时候,仿佛有一个声音在我脑中一直嚷嚷着"我是个天才""我是个天才",天才的钟声二十四小时铭刻在脑海中不停地鸣响着。老实说,如今回过头去看,我恨不得找个地洞钻进去。如果让我遇见那时候的自己,肯定会忍不住嘲笑他。

人类的心被语言和图像所掌控。视觉图像固然十分重要,但在培养自己的信念上,语言更有力量。假如像念咒文一般不断地重复、碎碎念一句话的话,也会产生强大的效果。但效果更好的方法便是书写。随着笔下连续不断地蹦出一个个文字,"我想这样这样……"的理想火焰会熊熊燃烧起来。我个人会把在我脑海中那些模糊、朦胧的想法化为一篇篇的日记,借着这种方式回溯自己的思想,从而渐渐地巩固了自己的思维方式。

人们几乎不会改变根本性的思维方式。大体上说,在某个时期就已经确定好了思维的根基,借着书写这一行为,整理自己的思想,从而更加明确自己的理想与想法。通过反复不断地书写,使其在自身中牢牢扎根。日记便能达到这样的效果。

写作可以说是培养自己孤独能力的一种技巧。如果不是独自一人，恐怕无法写出任何东西。事实上，写作是一种十分麻烦且痛苦的作业。作家或学者等"专业写作人士"也一样，我敢肯定他们中大部分人也会认为写作是一件艰苦的事情，就连清水几太郎[①]也曾在《论文的写作方法》（岩波新书出版）一书的序言中透露过自己在写作之前，谁都不愿意搭理，会洗好多遍手、举行几个小小的仪式，直到被逼得没办法了才开始写作。在真正进入写作状态之前，都十分痛苦。

空手道大师大山倍达曾说过一句流传甚广的话："要让自己孤独地、全神贯注地练习，就到山里面去隐居。要让自己不入俗世，就剃掉自己一边的眉毛。"以理智冷静著称的清水几太郎，仿佛随时可以写出好几篇文章的知名人物，只要一想到"就连他在写作之前也会被逼入困境"，就忍不住会心一笑。这些名人轶事，可以抚慰我的心情，引发无数的共鸣。

说到日记，有别于不给他人看的私密日记，在互联网上的"博客"其实是一种公开日记，近年来十分流行。我见证着博客的兴盛，对于竟然有如此多人希望他

---

① 清水几太郎，日本著名传播学家、战后著名的社会学者，曾担任《读卖新闻》评论委员和学习院大学教授。

人阅读自己的身边杂记，老实说我感到十分惊讶。在我的感觉里，日记是死前都惦记着想要烧掉的秘密。

从另一个角度说，真正的秘密并不会写到博客中。不论有多么想要诉说，真心的话都不会写上去的。即是说，在写博客时带着相当强的娱乐意味，这和孤独作业的意义略微有别。乍看之下博客好像是增加了暴露本心的机会，但实际上原本想要表达的东西完全没有提及。而有越来越多的人使用博客，我想或许是大部分人都没有注意到那份浮躁吧。

以展示给他人看为前提，在练习写作、学习文章技巧方面，博客也可以算是一种有效手段。但本书的意图是希望大家能明白，偶尔不要在意他人的目光而只是单纯地写作，也是十分重要的一件事。为自己而写，可以化成工作中的能量。

因此，为了自己的美好未来，写作也是一件重要的事。虽说是不让他人看的日记，但如果变成只记述攻击性的语言，那就毫无意义了。我们应该采取的是不要悔恨不甘，要能让自己振奋的写作方式。

超越孤独的三种方法

共邀良朋好友，带着志同道合的感觉度过的时光最为美妙。那种愉悦越是强烈，反过来当两个人感情不合、分道扬镳时，那种孤独感会更加令人难以忍受。在漫长的人生旅途中，这是很有可能发生的事。但即便朋友离你而去，也不要意志消沉。首先，可以切换思考方式："发生了这样的事情，我正好可以排解自己的寂寞啊""我可以充实自己啦"……希望大家可以拥有这样的自我消遣的乐观心态。

我建议可以用以下三种方法来排解孤独。

*集中精力做手头之事

*尝试翻译英文书籍

*沉浸于阅读

这三点我曾经切身实践过，在告慰孤独方面有显著效果。如果你有自己的独特方法也可以。

1. 集中精力做手头之事（孩童时代的打磨石头）

记忆中，我远离朋友圈有几个转机。

我确切记得那是发生在中学时代的事情。那时候我有个玩得很好的小伙伴，我俩甚至做任何事情都会在一起。但某个时间段，那个少年也与其他同学开始来往，然后大家一起结伴回家。我想这种情况大家都会碰到，即便我能理解，但那份孤寂却无以言表。

原本想着要和新加入的小伙伴搞好关系，三人好好相处，但这件事情对于小孩子来说，其实相当困难。保持来往距离、平衡三人关系，对于孩子来说毫无经验，所以某种独占欲就在心底蠢蠢欲动。

而且在人际关系方面，我并不是一个会主动招呼、亲切攀谈的自来熟类型。也因为这样的性格，到现在我还是不会积极与人来往，被邀约、被动地来往对我来说比较轻松无压力。

虽说如此，但在小学时期我可是有非常多的朋友，但是到了青春期，因为某种原因，周围的小集体发生了变化，而我却因为这种变化，毫无预期地体会到了孤独的滋味。

当时，没有人聚集在我的身边。无奈，我只好每天一个人独自回家。也正是那段时间，我会坐在回家必经的石堆上，沉迷于思考人生。

坐在石堆上的时候我做了什么呢？只不过是磨石头而已。我去不远处的河滩上捡回石头来，然后坐在那里打磨。当你在打磨某种东西的时候，意识会不可思议地专注于手下。用雕刻刀等工具进行雕刻时，也能够起到同样的集中精神的效果。

所以有一个词叫"雕琢"。原本是指打磨宝石等物品，但现在也有"雕琢自己"的说法，意为挖掘己身。打磨，或者说雕刻之类的行为，应该与自己内心深处精神上的行为有重叠之处。打磨物品的时间，可以说是在孤独中品尝不同滋味的片刻时光。"切磋琢磨"，一般来说是两人以上的人进行的行为，所以当一个人进行这种行为时，在集中意识领域，就可以达到与自己面对面的效果。

我也很讨厌整理东西，但我却并不讨厌"锤炼"这一行为。如果叫我打磨东西，我可以长时间持续不断地打磨。宫泽贤治[①]也曾说过，他想要成为一名宝石技师。对此我深有同感啊。

喜欢从事艺术品的工匠和沉迷于书法的人应该能够

---

① 宫泽贤治，1896—1933，日本诗人、童话作家、农业指导家、教育家、词作家。

理解这种感觉。在手工作业、慢慢研墨之时，不管你面对的是何种物件，其实都是在进行一场自我内在对话。即是说，这段时间里感觉像是在与自己内心深处的某种东西进行对话。当你的手掌触碰物件的瞬间，就可以清楚明白"今天精神不集中"或是"今天精神满满"，正因为有这样简单明了的指针，所有手工业者很容易沉浸到自己的世界当中。

此外，河合隼雄①在《大人的友情》（朝日文库出版）一书中，讲述了如下一则故事。

有一对老夫妇感情很深，有一天，老妇先一步离世了。老人整日沉浸于哀伤之中不能自拔，孩子们好几次请父亲和自己同住，都被他摇头拒绝了。就在大家都担心老人是不是会一直保持这个状态直到追随妻子而去时，某个偶然的情况下，他开始打磨石头，渐渐地竟然恢复了生气。

一心一意地打磨着手中的石头，意想不到地打磨出了一件精美的艺术品。他把成果拿给儿子和孙子们看，然后得意地、骄傲地自夸了一番。那一刻，他的眼中闪

---

① 河合隼雄，1928年生，日本著名的心理学家，日本第一位荣格心理分析师。

耀着光辉,语言也生动起来。他找到了"石头"这一"友人",从中得到了活下去的力量。而且这位友人还有一个优点,那就是永远不会阴郁消沉。"

(摘自河合隼雄《大人的友情》)

老人找到了"石头"这一无机物作为朋友,并通过这个朋友和孩子、孙子们沟通,从而从孤独之中被拯救出来。这一方法与集中精神排解烦恼有区别,但也不失为一个战胜自己的方式。

2. 尝试翻译英文书籍

翻译和阅读原文书籍,是我强力推荐的打发孤独寂寞时光的方式。翻译是需要一步一个脚印踏踏实实去完成的一份工作,所以不存在今天状态好可以一口气翻译五十页,明天状态不好可能一页都翻不了或者一字未动的情况。我也曾尝试过翻译,就算善变如我,在状态好的情况下也做不到一遍就过。

这不是一项与他人一起协作的事情,必定是需要在独自一人时进行。这是一份定额工作,在一天中的某段时间里翻译固定的页数。为什么这么说呢?因为不管你如何着急,翻译速度就在那里。也就是说,按照某种程度的定数慢慢地前进，而当你养成这种定数的习惯时，反过来它会成为你工作和生活中的动力。

保罗·奥斯特在他的随笔集《空腹的技巧》一书中曾写道，翻译这一工作对他来说是某种修行。奥斯特通过翻译这一艰辛的作业，将自己想要翻译的优秀的人、能产生共鸣的人的文章，堆砌成自己的血肉。村上春树也说过类似的话。通过阅读、翻译英文书籍，可以从伟大的前辈们身上及其他们的才华中，获得颇多启发。事实上，与是否出版没关系，通过翻译能够深入地了解作者及主人公的心情。不要仅仅只是阅读文章，抄写也是一种不错的方式。总之，重点在于自己要积极地去建立联系。

读书虽然是孤独时光的好伙伴，但若是阅读母语书籍就很容易顺溜地一览而过，而无法专注地投入其中。这时候，恰是挑战原文书籍的好时机。

3. 沉浸于阅读

没有任何东西比读书更适合于孤独。它不但能够抚慰独自一人时的内心寂寞，同时还能够锤炼自己的内心。这一点恐怕无人不知无人不晓。在此我要交流一下我在孤独期的读书经验。

我最开始搜集书籍开启阅读是在我的初中时代。

小学生在家庭中是被温柔包围的存在。所以在小学时期磨炼孤独的力量为时过早。虽然也应读一些书，但我还是希望小学生能够每天都像过节一般快乐地度过。我自己也确实是如此度过的。

我开始感到孤独是一件可喜的事情，那已经是中学时代的事情了。想要独自一个人待在房间，在家里也很少说话，谁都有这样的经验吧。初三时我准备考试那会儿，就十分渴望那样。考试对我来说，与其说是一件十分枯燥无趣的事情，不如说是令我痛苦的事。那时候，我不得不直面"自我"，于是，我开始贪婪地读书。

然后是高中一年级的时候，小林秀雄①的作品使我受到了极大的冲击。我的第一感觉是感到羞耻，同时不禁怀疑"骗人的吧，这是国语"？说起来，前几天我给学生上课的时候，正好把小林秀雄当成作业布置给了他们。学生对我说："老师，我看不懂他在说什么。"真是令人怀念的心情啊。

但即便是晦涩万分如同小林秀雄的作品，只要不断地重复阅读，也会渐渐明白其中的真意。就像是小林秀

---

① 小林秀雄，1902—1983，日本作家与文艺评论家，他是确立日本文艺评论界的灵魂人物，影响了后来大多数的文艺评论家。

雄变成了自己一个人的小林秀雄，感觉他与自己非常亲近。所谓"小林秀雄的真意"，是可以称之为**潜藏在作品深处的灵魂，是本质性的一种美。此外，要摈弃先入为主的观念，坦诚地面对这种美。小林总是批判那些不认真对待且懒散之人。**

例如，《平家物语》留给众人的印象是诸行无常。大多数人最开始就会带着这种印象去理解这本书，看那些研究《平家物语》的各种文学书籍讲的都似乎煞有其事。但实际上只要你看看《平家物语》原著就会注意到，它如实地再现了战争的情景，是一本描写精湛的战争纪事读物。

与那些甚至都没有仔细阅读原著就随大流地主张着这本经典作品的无常观的那些人相反，小林总是亲身体验实际的事物。梵高和莫扎特等名人也从未停止面对真实的事物。而有些研究人员，他们甚至并未切身去体验，只是看看相关研究书籍，然后就在原地转圈圈。我们应该全力调动自身的感性与经验，作为个人与事物相对峙。如果不是独自一人，那么就无法面对事物的本质。

举个例子，就像是迷恋一张不怎么畅销的专辑中的一首不怎么引人注目的歌曲，会有一种类似于"只有我知晓"的小幸福感。对于微妙的歌词和演唱方式等细节，会产生一种"会在意到这一点的只有我吧"的满足感。

我曾经加入运动部，也没有所谓的叛逆期。家中长辈对我疼爱有加，也有朋友相伴。可以说属于生来绝对与孤独搭不上边的类型。但我记得在高中过半的时候，确实频繁地一个人独处，我变得愿意独自一人看书，我想那时候肯定有什么契机。

此外，在我买下《歌德全集》的时候，我感觉自己和世人隔绝开来了。全集之类的书籍，又高又重，到现在会买全集的人也是少之又少。

在日本，不，应该说在歌德最受欢迎的日本乃至全世界，抛开那些歌德文学的研究者不论，我相信能够愉快地阅读《歌德全集》之人恐怕也寥寥无几。

我会感到某种莫名的感动。歌德文学的研究者们把阅读全集作为一份工作，但我完全是把它当成了我精神上的至交好友。

说是好友其实也过了，正确来说，是精神上的长辈才对。我擅自把小林秀雄、歌德、福泽谕吉以及尼采等伟人当成我精神上的长辈，仿佛我们之间有某种血缘上的连接，并为此暗自窃喜。倒没有父子那样深厚的感情，但把对方当成叔伯一般的长辈，对方也会对我给予善意。

不可思议的是，对于我喜爱的书籍，我自身并未感觉到我对它们的喜爱，大多数时候我感觉到是它们对我十分喜爱，感觉它们把我当成一个说话的对象且十分在意我，这绝对是一件令人感到喜悦的事情。当你保持着这样的心情去读书时，那么阅读的这段时间，可以说是与自己的重要之人、所崇敬之人一起度过的美好时光。

如果对方是一个水平极高之人，自己怎么样都会感到紧张，会担心最终能否真正理解其中真意的紧张感，以及偶尔理解某种真意而想要呐喊"啊，这里我明白！"的情绪高涨感。

这种体验对我来说经历过许多次。与站在眼前之人不同，这是远在他方心却在身旁的他人。与这些人（大多是先辈）来往，即便是孤独的时间，也可以称得上精彩万分。

把自己当作战友

在孤独的时代，有必要不顾一切地相信自我。这样或许会令人觉得难以沟通，但反过来说，那份强烈的自我意志，是只会在孤独中诞生的力量。

一般来说，与他人聊天时，会在不知不觉间产生对比。例如"好友和前辈学识丰富，反观自己却……"心理上会受到不必要的刺激，因此，自信心就会在这期间不断地减少。

虽然说这一点在客观地正视自己上有其意义所在，但同时削弱了自我肯定能力的情况亦不少见，所以，应该偶尔从此类对比中完全脱离开来，独自一人积蓄力量。"现在为之奋斗的事情都是有意义的，肯定没错！"我们需要这样一位如此捶打自己、与自己并肩战斗的朋友。把自己打造成那样的战友，是最强而有力的手段。

我从小就很擅长自我肯定。将它与把自己当成战友的感觉混合一起的话，就可以发挥出强大的力量。当然，我也十分重视自我的客观评价，但是，自我的客观评价与自我肯定能力相比较，若说哪一方能够在真正意义上成为唤醒自我的原动力，肯定是自我肯定能力。人们在寂寞的时候很容易失去自信，此时能够给予自己勇气的能力，除了自我肯定能力之外不作他想。此时最佳的方法就是不顾一切地相信自我。

诸事不顺之时，会感觉自己孤立无援，没有任何的伙伴。这时，需要训练自己产生"只有自己是自己的伙伴"的感觉。

举个例子，冈本太郎①也曾有过那样一段时期。

他在十几岁的时候就跟随父母踏上了巴黎的土地。如此幸运的同时，他却也饱尝"因拥有一对功成名就的艺术家父母，自身也必须保持高水准的宿命"之苦。这正是他苦恼的元凶。

而且，冈本的目标是摆脱现存艺术形式。

当时在蒙巴纳斯②的日本画家大多是模仿马蒂斯③表

---

① 冈本太郎，1911—1996，他的作品涉及油画、版画、雕塑、陶艺、摄影、著作等多个领域，被称为日本的"毕加索"。
② 蒙巴纳斯是一个曾在法国文化艺术史上领过几十年风骚而如今风韵尤存、依然能引起许多人怀旧眷念的街区。
③ 亨利·马蒂斯（Henri Matisse），1869—1954，20世纪最伟大的最善于运用色彩的画家，野兽派代表人物，以使用鲜明、大胆的色彩而著称。

现出色彩的碰撞之美，或者用抹子描画出塞贡扎克①和弗拉曼克②风的风景画，或是以郁特里罗③式的效果为目标，他们之间要么互相吹捧、要么互相挑毛病。我旁观着这些倍感萧条。

看着其他画家的态度，我渐渐对现存的艺术形式产生了怀疑。他们都喜欢采用毫无必然性的野兽派特征，对自然形态自由地进行歪曲或变形的表现及其技巧，那些只是追求形态的变形，真是令人作呕。在我迷惘不堪、画不出一副像样的画的那两年半期间，真是令人痛苦得要命。

（摘自冈本太郎《青春毕加索》）

不想画那些模仿他人的画作。即便清楚地知道这一点，但尚在十几岁的冈本并没有找到自己所期望的艺术方向。一个人行走在看不到目的地的路途之时，想必要忍受孤单一人的寂寞吧。但是，结交使自己轻松愉快的伙伴以及追求轻松可得的艺术，这就不是冈本了。两年

---

① 塞贡扎克（André Dunoyer de Segonzac），1884—1974，法国画家。
② 弗拉曼克（Maurice de Vlaminck），1876—1958，法国野兽派画家。
③ 郁特里罗（Maurice Utrillo），1883—1955，法国风景画家。

半之后，他邂逅了毕加索的画作，终于找到了令他一见倾心如痴如醉的画风——抽象画。从此，冈本沉浸于绘画的世界之中。

在这段孤独的时期，他彻底地积蓄着力量。积蓄起来的"财富"用于创作之中，在接下来的创作中就会越来越擅长。不管绘画的创意如何变化，基本的路线却毫不动摇。在我看来，他的创作可以说完全是在模仿他自己。说是模仿可能略有语病，他调整并发展着自己的世界。因此，只要一眼，便可以判断出这是冈本的作品。作品本身就长着一张"我是冈本太郎"的脸。

所谓不入流的艺术家，正是那些反过来改变自身艺术风格之人。有时候甚至会改得面目全非，没有自己的中心轴，只是一味地模仿现有的形式，这是十分危险的。

我认为，那些优秀之人并非单纯地因为天分才达到一定的高度，关键在于何时能在自己的心中塑造出原型。确立自我思想的原型的时期，对我来说正是那段孤独的时间。在我孤独的十岁、二十岁的岁月中，我不断地打磨着我现在工作的原型，所以没有走上偏路。

长年生活在一起的夫妇也可以说是类似战友一般的存在。在社会生活的风浪中，双方是经济共同体、命运共同体，所以才造成了夫妻式战友。但是，比之更加强有力的是以自身为战友，作为自己的战友喜爱自己是很重要的。不被任何人所认同、孤军奋战的时间，走过只有自己了解自己的岁月。这些都可以化作孤独的力量。

水拯救了孤独

或许因为养育我的家乡十分靠近河川之故，只要我凝视着河面，情绪就会平静下来。看着流淌的河水，我的心便会随之涌起一阵欢喜，所以在孤独之时我就分外想要前往河边。当我面向河流，一边吟诵着《方丈记》的词句："河流虽经久不息，然非原水；泡沫浮于表，且消且长"，一边朝水中投下石子之时，可以感觉到自己身体中充满了力量。

话说回来，人类与水的亲和性十分高。人类是从大海中进化而来，人类在胎儿时期也是被母体的羊水所包围。摇晃身体，全身仿佛被液体融化了似的，心情也随之平静下来。关于"水"的想象力精彩纷呈，对此众多文人都曾经描述过。

法国科学哲学家、诗人加斯东·巴什拉，在他围绕物质的想象理论展开著述的《水与梦》（法政大学出版社）一书中描述道："关于水生活，从浅显的细节来说，对我来讲它经常是作为本质的心理的象征之一。"事实上，水和水景是唤醒情感与梦想的契机。"我的乐趣在于，与小河小溪成为朋友，沿着河堤一路前往正确的方向。总之，是将人生引导向他方，哪怕是隔壁邻村也好，沿着河水的流向缓步前进。"河流也能成为一种慰藉。

宫泽贤治也曾为我们勾勒了一副流淌的水的印象："那漫漫前路的某处，我的思想啊，随之飞速流淌而去。"① 川端康成在他的《山之音》（新潮文库出版）一书中对水的描述成为一绝。《山之音》的主人公信吾感到迈入老年的疲惫，他对儿媳菊子毫不隐瞒地说出了他幻想着洗涤大脑的事情。

我啊，最近可能是脑子越来越稀里糊涂了，看着向日葵仿佛也在思考关于脑子的事情似的。我也好想变成向日葵那样灵活的脑袋啊。刚才我在电车里面还在想，有没有什么办法清洗或者修缮一下脑袋。把头剁下来似乎有点太粗暴了，但可以把头从身体上脱卸下来，像是送去干洗一般送到大学医院去寄存就好了……

（摘自川端康成《山之音》）

---

① 摘自"林与思想"，收录于《春雨修罗》一书。

有的人在一个人独处时容易陷入抑郁的思考当中。这种时候就不能放任大脑空转，而应该想象一下在自己的身体中有一条虚设的河流，或者干脆到真实的河边去。那些忧郁的想法与困境仿佛都会随着流水一道逝去，真有说不出的畅快淋漓。

　　思想要经过不断累积，达到一定程度才能产生爆发力。这种说法有一定的道理，我也很理解身体的内部有一段时间需要承担负荷一些东西的理论。但是，老话说得好："言藏于腹中，令腹鼓。"意思是，所思所想藏在肚子里不说，会令肚皮胀起来。因为脑子无时无刻不在活跃地思考着，心理上也会随之产生危机。一眼看上去便感觉是危险人物之人，大多是内心憋闷太久，一旦堤决口溃，就会变得十分可怕。所以，必须要在这种状况发生前学会让负面情绪和压力排解掉。

　　如果把负面情绪留在体内不断循环，那么有可能会变成一把伤害自己的利刃。但如果可以适当地表达、发散出来，也不失为一个吐露心事的良方。语言可以担负起排解内心污垢、淤积的工作，总而言之，一个人独处时所堆积起来的阴郁情绪，在与他人会面时可以吐露出来，如此达成一个循环就再好不过了。

　　以前，日本人会在庭院中布置竹筒敲石和枯山水等风景,让人能够近身感受到水流。水给世人留下的印象,应该是不断地流淌着、流淌着……人的内心也是一样,如果能基本上保持如同流水一般永不停滞的感觉,那才是健全的心灵。

地水火风

将我从孤独之中拯救出来的,其实并不仅仅只是流水,而是地水火风中的任意一种。前文中提到的法国科学哲学家、诗人加斯东·巴什拉,就曾以"地水火风"这大自然的四大元素为线索,写出了《火的精神分析》《水与梦》《空与梦》和《大地与意志的梦想》。这四本书全都是我爱读的书籍。

"火"为时常变幻自在之物。有句话叫作"燃烧生命之火",火象征着生存能量的燃烧感。火焰在跳跃之时会不断地变换形态,但却不会改变其燃烧着的本质。凝视着火焰,仿佛心也会变得温暖起来。

从古至今,即便从宗教角度来说,燃烧的火焰也都被视作生命力的象征。所罗亚斯德教,又称拜火教,他们以火为崇拜对象。在我们的身体之中,心之火在熊熊燃烧,如果能产生这样的感觉,随之也会产生豪情万丈、勇往直前的心情。

事实上,孤独与篝火十分契合。在村上春树的短篇小说《景观与熨斗》（收录于新潮文库出版的《神的孩子们在跳舞》。）中登场的一位中年男子，他有着关于火的超能力，只要用他的手，便能让火焰如同活物一般燃烧起来。而沉默地凝视着这一切的年轻女性，望着跳动的火焰，心中油然而生出千般万种滋味。

"是什么感觉呢？"

"很奇怪，平时我们生活中感受不到的感觉，此时此刻都清晰地感觉到了。该怎么形容呢……我脑子不好使，无法用语言描述出来。但这样看着火焰，没有理由地心情就变得沉静下来了。"

三宅先生思考了一下说道："火这个东西呀，形态自由变化。正因为自由，因看着它之人的心不同，便可以看出万象。小顺小姐看着这火焰心情沉静下来，是因为在你的身体当中潜藏着沉静的心情，它只是在火焰中倒映了出来。这么说，可以理解吗？"

（摘自村上春树《景观与熨斗》，
收录于《神的孩子们在跳舞》新潮文库出版）

接下来我们说说"地"。

地，给人留下的印象是平静、安慰。地，一般指土地和泥土，再广义一些，宝石也算是土块。宫泽贤治就经常在他的作品中描述说：宝石在地底经过数百万年时光的打磨而成。

小孩子喜欢玩泥巴，例如，捏泥丸和泥塑等等，其实大人也是喜欢的，陶艺毫无疑问就是大人们的玩泥巴游戏。捏一块泥巴，在轮轴上不断地转圈打磨，我想希望尝试陶艺的人应该很多。在进行陶器制作时，应该没有人会一边打磨一边高声谈笑吧。在转圈打磨陶器的时候，即便有老师在一旁指点，在陶器成型的一瞬间，人们也会完全进入一个人的世界。

然后，是感受"风"。

让风吹拂我们的身体，这也是需要一个人独自享受的事情。摩托车虽然是比较危险的交通工具，但依然有很多人会冒着风险去骑乘，正是因为无法遏制地想要感受那破风驰骋的痛快感吧。摩托车与汽车完全不同，即便乘坐的是敞篷汽车，与乘摩托车时对风的感受也是完全不同的。

对于人类来说，速度是一种激情与快乐。虽然坐在汽车里身体被好好地保护着的同时通过加速也能体验这种感觉，但摩托车可以让身体直接接触风，更容易令人情绪高涨。我青春期的某个阶段，也是一个骑手呢。独自一人迎风驰骋，感觉心灵的腐朽与丑恶全都荡涤干净了。

宫泽贤治也经常在风中漫步，还创造了许多关于风的诗句。他的诗集《疾》中有一首诗名为《风在外头呼唤》，讲述的是贤治即便身体不舒服，也要裹上破破烂烂的外套外出，仿佛感受到风的召唤："你不是说过要和风结为伴侣吗？"这首诗很好地表达出了贤治的性情。在失去妹妹之后，能够给予贤治以慰藉的就只有自然了吧。实际上，任何人亲近、融入自然，都会感受到某种程度的治愈，只不过忙碌的现代人，并不愿花费时间与精力与大自然亲密接触。

但是，人类拥有丰富的想象力，即使没有亲身去到森林之中，也可以通过眺望火与水、通过捏土等方式来唤醒身体的感觉。通过想象力，把"地水火风"四种汇集宇宙之大成的元素与自己联系起来，从而感觉到内心的充盈。如此一来，可以增加自己对孤独的适应能力，也不会过度期待周围之人"能够理解自己"。

当一个人因为亲人关系、夫妻关系不善，或者烦恼于与朋友或恋人无法正常相处，在焦虑的时候选择逃避一切的人际关系也不失为一个好办法。但是，现实中即便远离了近距离的那些人，要做到完全意义上的不与任何人有交集是很困难的。

如果你因意识无处安放而苦恼，那就用我们伟大的想象力，假想自己无时无刻不在拥抱着自然。即便处于孤独之中，也会觉得精神丰富。因此，"地水火风"可以说能够肯定一个人的存在、掌握幻想的技能，能够让孤独也变成一件非常珍贵的事情。

正如同样对"幻想"这一精神活动极度肯定的加斯东？巴什拉所言，幻想也是孤独的技巧之一呢。如诗人之类，大都善于驰骋翱翔于幻想的大千世界之中。他们是对幻想，也就是对诗的意象十分擅长之人。

"意象"和"形象"算得上是近义词，但"形象"一词用于视觉上捕捉到的东西，而"意象"则更深一层，多用于仿佛全身心都沉浸于的那个幻想出来的世界的五感充分调动所捕捉到的东西。

诗人给我们创造了无数的形象与意象。例如，中原中也的诗——《月夜的海边》，诗中句句不离月夜这一关键词，这就是他所创造的诗之形象。而"腐朽且悲，因今日降下小雪"这一句则是诗之意象。为了深切体会诗中所表达的那份悲伤，区分孤独的状态与孤独的幻想是很有必要的。①

　　宇宙的幻想，正是我们接下来要研究的东西，是一种孤独状态的现象，也是一种扎根于幻想家灵魂之中的现象。……我想，宇宙的意象是属于灵魂、属于孤独的灵魂，或者说是属于作为孤独原理的灵魂，这一点足以得到证明。

（摘自加斯东·巴什拉《幻想的诗学》）

　　由此说来，意象的世界应当成为贫乏的人生中极其表面、浅显之物，只有爱幻想之人才能够探索到生存的本质意义。

---

① 中原中也，1907—1937，昭和诗坛最耀眼的日本明星诗人，被誉为"日本的兰波"。

身体是可以挪动的寺院

在人类所体会到的所有孤独感中,我想最残酷的是感觉自己与世界被隔离开来。精神科医生 R. D. 莱恩[①]在他的著作《分裂的自我》一书中曾如此说。这虽然是一本为研究分裂症患者(又称为早发性痴呆)而写的书籍,但有很多普通人在面临孤独和冲击等情绪的极端压力之下,会感到浑浑噩噩如同飘浮在噩梦之中。

莱恩认为,能够感觉到"自我"与"身体"合而为一之人(称之为身体化之人),能够清晰地感觉到与他人、与世界的关联。而一旦"自我"与"身体"分裂开来,自我就会随之分裂成"真实的自我(内在的自我)"与"虚假的自我",人就会失去现实感和身体感觉,然后渐渐地无法感知现实。长此以往,心和身不再是"统一"或一致的,也就是非"身体化"。非身体化

[①] R. D. 莱恩(Ronald D. Laing),1927—1989,意大利医学家、精神科医生、精神分析家。

之人与世界会产生裂隙，无法确切地感知自己是否还活着。此外，他们在任何环境下都无法做到真正的放松。长此以往，分裂的自我与现实世界的裂隙会愈来愈大，这种状态是十分之危险的。

反过来说，"自我"与"身体"密切联系的话，就可以与"外部世界"建立联系，这样哪怕一个人在独处时也会感觉十分充实。总之，为了不被孤独所击溃，要注意令"身"与"心"达成一体，保持良好的关系是最基本的一点。

"意外地"这并非是一件易事。当自己的身体感觉到轻松时，即便某位和自己相关的人不在了也会感到精神舒适。独自一人时，如果心情平静，人就会平静淡定，处变不惊。

身体和情绪有直接关联。只要敏感地注意到自己身体的状态，那么把握并控制自己的情绪就并非难事。想要了解自己目前是何种状态，首先需要将意识放在身体上，关注自己。如果能感知到自己身体的每个角落，那么就会感觉自己和宇宙达成了一体化。瑜伽、打坐、太极拳等活动的目的正是要达成一体化的充足感。

独自一人时感觉被寂寞包围的人，大多是没有直面自己的"身体"，因为他们只在乎身外之事。

此外，我十分喜爱的野口三千三所开创的野口体操①，其中最重要的一点便是，在训练时要保持与地球的中心即重力不断地进行对话的意识。"感受自身的重量"正是野口体操的关键之所在。野口并不是在与重力作斗争，而是与重力结成伙伴，从而能够更加轻松愉快且稳定地站立着。

这里所谓的"稳定"，是指身体的核心力量与垂直方向保持一致。例如，花瓶之所以能稳定地摆放在那里，是因为它顺从着重力原则笔直地竖立着。如果身体也能感受到这种稳定的状态，那么心灵就会随之镇静下来。可以想象一下打坐的场景。人们如果能够去除多余的力量，让身体重量本身处于自然存在的状态，那么就可以无忧无虑。

胡塞尔②所提倡的意向性观点——意识是唯心主义的意识，以及詹姆士③所强调的"意识流"概念，纵观他们的理论，意识总是在追求某种方向性。在意识注入

---

① 日本舞踏训练体系之一。

② 埃德蒙德·古斯塔夫·阿尔布雷希特·胡塞尔（Edmund Gustav Albrecht Husserl），1859—1938，20世纪德国著名作家、哲学家。

③ 威廉·詹姆斯（William James），1842—1910，美国本土第一位哲学家和心理学家，美国机能主义心理学派创始人之一，也是美国最早的实验心理学家之一。

的方向上,需要能时常切实地体会到"身体"与"自我"同在。

所以,**我建议大家将身体看作是一座可以挪动的"寺院"**。比起在外面闲逛,不如就安静地待在"寺庙"中,找回本质的"自我"。简而言之,就是把身体当做是一个保持冷静的空间,就如同常去的酒吧,如此一来即便独自一人呆着也会拥有安心的感觉,那并非是独自一人时的寂寞孤独,哪怕身在孤独之中,也能够感受到自己与更宏大的东西所连接着的充实感。

一点点地错开负面情绪

人的身体自身自成一个小宇宙。这在东方是一个十分普遍的观点。

前些日子，我正好有一个机会采访一位精通太极拳的人士，他是起源于中国明朝、被认为是太极拳起源之一的陈式太极的第十二代直系传人——陈沛山先生。陈先生认为，身体是由阴与阳组成的一个宇宙。太极图的阴阳并不只是相互交替的变化，阴阳在人的身体和心灵中也都存在着。保持阴阳的平衡，一切都能迎刃而解。

将仿若勾玉构成的阴阳太极图化成实际的变化，这就是太极拳。若对方的攻击是阳，就用阴以对之。若攻击为阴，则阳以对之。此外，变换动作的同时，可以与对方阴阳相反，双方以成圆的意识变化着动作。

实际上，当你看到太极动作的变化，似乎总是深含某种道理。我自己也曾练习过空手道，但感觉它与太极拳大相径庭。空手道讲究的是双方力量的相互碰撞效果，太极拳虽然也有碰撞的交手，但完全感觉不到力量碰撞的存在。虽然双方的身体会有接触，但能感觉到带着力量的动作在贴近的同时会错开力道的方向性，合气道中或许有一些与此共通之处。

在格斗中，需要自己和对方以肉身相搏，而在自己的身体内部也会存在一个格斗的种子。嫉妒心、竞争心、悔恨或者失去的悲伤等促使你必须要战斗的情感会从心底涌出。我不清楚这些是否都可以称之为"阴"，但当被负面的情绪侵袭时，依靠力量来压制并没有任何作用，还不如将那些负面情绪慢慢地、一点点地错开，在整体上达到一个平衡才是重点。采取"阴阳"的思维方式，这样嫉妒愤怒之心就可以很好地排解出去。

在中医领域也是一样。中药与气功疗法都是采取在"气"薄弱之处补充能量、在"气"过剩之处压制它的方法从而身体取得平衡。

进一步说，在心灵的平衡崩坏之时，仅仅依靠心灵去解决问题是很困难的。当"阴"的一面处于压倒性升高状态时，人的心情就会变得很阴郁；当人处于消沉状态时，就算假装志气满满地大吼一声"好嘞！今天也要继续加油哦！"力量也并不会涌现出来。如果心的状况不太好，何不从身体方面入手去改善心情呢？这才是合理、正确的途径。

我们总是很容易意识过剩。常常自我苛责于"自身的存在到底有什么意义",然后草率地以"我的存在不是毫无意义吗"作为对此问题的回答,从而把自身逼入困境。为了防止自己被孤独所吞噬,为了不对世界抱有敌意,首先我们需要做的就是将感知放大到自己身体的各个角落。

曾经,在与芭蕾舞女演员草刈民代进行对谈的时候我曾问她令身体平稳的秘诀。草刈女士回答我说:秘诀就是肢体的躯干也就是身体的核心部分收紧,腹肌与背部肌肉绷直,身体向上提的同时重心向下移动。当身体向下沉时,由于重力的反弹力量会向上弹跳,躯干就会很稳定。这样,贯穿身体的垂直轴心得以建立,身体、心灵都会得到安定。

日本的能乐演员们也曾说过类似的话。能与空间达成良好的平衡的话,自身就会变得非常安定。

现在日本非常流行的太极拳大都是以膝盖运动为主的流派,但陈式太极拳是以脐下丹田,也就是腰腹发力为重点。在进行推手时,放松全身的力量,从腰部中心开始移动,这样人就会灵活且成圆弧状动作。仅仅如此,就可以让心情变得安定。

在日本,人们经常会在床铺之间装饰石头和壶。乍看上去，自然的素材出现在自己的居所，增一分多余、减一分不及，简直十全十美令人羡慕。

此外，自身是否在极个别的时候，感觉到自己是平衡地站立着呢？前后上下左右，各个方向都能良好地维持住平衡的话，会产生被四面八方所牵引一般的安心感。

如果能像置于床铺之间的壶那样矗立的话，就能够清晰地铭记自我与身体密不可分的感觉，就能够以积极的态度面对世界。

震动能抚慰孤独

阅读这本书的人,应该多少也了解孤独这一词吧?当处于孤独的时刻,我们无论如何也想从那份寂寞中解脱出来。产生这样的想法是很自然而然的。

主要是有时候因为太闲而导致情绪消沉。我在无所事事的学生时代以及求职待业时,为了不让自己情绪消沉,我把大把的时间都花在了身体的拉伸上面。尤其是跨一字马屏住不动,胸腹向前贴地板这个动作,我每天都会独自特训。我的训练方法是:坐在地板上,打开双腿,一边保持上身前屈姿势看书,一边一点点地让手肘向前移动。深深地吐气,几厘米几厘米地向前移动增加身体的柔软性。当小有所成,感觉自己身体的平衡变好时,会十分有成就感。当你掌握了与身体打交道的方法,孤独不再是一件难熬的事情。

还有一个我自己亲身实践过多次能够有效抚慰孤独的方法,那就是在泡澡时哼歌。一般人在独处时会感觉到寂寞,但只有在泡澡时一个人会感到轻松自在,并且会尽情地享受。泡澡时的哼歌时间,也许是极少数的孤独时光中你会感激只有你独自一人。

用自己的声音来震撼自己的身体,那份震撼十分舒适愉快。不仅仅是哼歌,包括放声高歌,从以前开始就是和自己身体交往的一种方式。说起发声,包括吟诵诗词、吟唱歌谣乃至念佛等,以前走街串巷叫卖的人也算是一种。

很多年轻人会在沐浴时伴随着便携式播放器流淌出的歌声摇摆身体,我想这也是一种与自己的身体愉快沟通的方式。但是,也看到有些人一天到晚手机不离手,用他人创作的音乐来麻痹大脑和身体,这完全不可能感觉到自己与身体的沟通。

人们一般不会选择电影院最前排的位置观影,却很喜欢在耳边持续回响的音乐。因为是直接且连续地受到刺激,不由自主地就会想要一直听音乐,最终造成了这种麻醉式的交往方式。

迈克尔·摩尔导演执导的电影《华氏911》中,有一幕是入侵伊拉克的美军士兵说道:"在坦克中播放着激烈的摇滚乐。"踩着RAP的节奏,"杀死你们,烧死你们"这样极具破坏性的歌词响彻驾驶室,"身体暴露在这样强烈而过激的音乐中,真的就会变得什么都敢做"。士兵如此说道。

你肯定会想,只是听听音乐而已,换作自己绝对不会做那么蠢的事情吧?但是,我们都知道,听音乐时大脑的前额叶皮层血液几乎没有活性。也就是说,假如全天二十四小时大脑全都持续处于毫无负担的状态,大脑必定会"贫民窟化"。

此外,创作音乐的一方、演奏音乐的一方的大脑,与听众的大脑完全不同。他们在创作时、演奏时,前额叶充分被调动起来,皮层血液急速活化。音乐家中,既有歌唱家、演奏家,也有作词作曲家等各种才能之人,这类人的大脑中前额叶区域血液如何急速流淌,真是想象一下就佩服得不得了。

话说回来,在大众认知中被称之为"声音"的东西,都是"气导声音"。以空气为媒介震动耳膜,从而刺激听觉神经由大脑识别它为声音。但声音还有另一种传播途径,即"骨导音"。骨导的传播方式不需要震动耳膜,而是通过颅骨等骨头传递,直接刺激听觉神经。我以前并不清楚这些概念,所以当我听说手机就是根据"骨导听觉"这一特性诞生的,感到十分震惊。相信大家都有这样的经验,通过录音设备录下自己的声音,再播放时总会觉得和自己平时的声音不太一样,强烈的违和感，甚至猛然间无法辨别是否是自己的声音。声音的回响与颅骨和下巴等肢体构造紧密相关。也就是说，"声音"是在多重遗传性状相互作用的情况下被制造出来的。一般来说，骨导传播作用下的声音回响会更加好。我们之所以会觉得录音设备播放出来的声音"很奇怪"，正是因为传入耳朵的声音是由气导传播和骨导传播相结合而成。

此外，能够最清晰地感觉到声音回响的时刻，是哼歌的时候。哼歌是声音的震动与颤音。通过哼歌，我们能够切实且清晰地感觉到声音的震动。重点是，如果震动是通过空气和水来进行传播的话，尽管是自身所引发的震动，但却并不会认为是由自己创造出来的声音。通过颤音，如果自己能感觉到某种东西从身体中分解而出，与外部化作一体的话，就不会感到寂寞了。

当一边浸泡在浴缸中一边哼着歌时，会感觉自己与水融为一体，全身都放松下来，同时浴室的湿气会让声音更容易被传导。对于身体来说，这是一件非常轻松愉快的事情。所以，作为孤独的技巧之一，我推荐大家在泡澡时哼歌哦。

女性们的独处技巧

与男性相比,女性似乎更加不喜欢孤独。确实如此,通常打心底"想要一个人独处""一个人呆着也无所谓"的女性真的非常少见。

然而在实际生活中,女性反而更加能够令独自一人的时光变得充实。

"音乐涓涓流淌令人心情舒畅的房间,饮着茉莉花茶度过我的一天。"如同杏里女士在《聆听 Olivia》这首歌中描述的一般,现实中拥有自己的生活方式的女性绝不在少数。而男性就只会从旁艳羡着赞美着"好棒哦"。在度过独处时光的技巧上面,比起男性绝对是女性获得压倒性胜利。

曾几何时女性都为他人而活,照顾或者帮助他人都只是为了彰显自我存在感的一种手段。通过与他人产生连接,从而确认自我存在的意义。

然而,随着时代的发展与变迁,女性渐渐不再依靠他人就能丰富自身的满足感,发展出了很多可以充实地打发一个人时间的事情。现代女性们独自一人的时光充实得足以令人乍舌。例如，芳香疗法已经成为女性日常生活中十分普遍之事；香薰也很适合快乐舒适的个人空间，它可以令想象力无限发散，心情也随之宁静下来。毋庸置疑，一个人呆着也很完美。

另一方面，同样是独处的时间，男性们都会做些什么呢？我可以马上想象出他们单手拿着啤酒在看球赛转播，或者一边看报纸一边踱步吧，总之都是很粗糙的生活方式。首先，就没有看到过等待做香薰疗法的男性吧。或者，在服装、日杂货等方面，注重手感和细节的肯定大部分都是女性。如果没有女性的掺和，恐怕葡萄酒和烧酒的畅销度会如何还不一定呢。用来制作沙拉的各种西式蔬菜，女性们可以毫不费力地一一道出名字，而像我一样的男性就只能形容为长得和生菜差不多。

很多女性杂志会每月推出一刊教你享受生活的特集，女性们能获得很详细的信息。虽然也有专门的男性杂志，但就算是高格调的杂志结果也都是围绕着男人的书房、汽车、文具等等物件，完全没有脱离这个世界。那些所谓型男的打造方法，不过就是为了讨好女性，完全不是追寻自身心灵的升华。

我个人度过的最充实的独处时光就是泡澡，身体浸泡在浴缸中就会感到十分满足。当然,我并没有像女性那样会倒入浴盐或者点上香薰、蜡烛等等。

男人们会发出"啊,一个人呆着真好啊"的感慨,大约就只会出现在如同村上春树小说中所描写的主人公喝啤酒的时候吧,就是那么得肤浅。

亨弗莱·德弗瑞斯特·鲍嘉[1]塑造出了男性的世界。当时的男人们经过了几十年依然原地踏步,毫无任何进步。在打发独处时光方面,男人会被女人赶超并越来越被甩在后面。

古今东西,唯一能够展现男人美学的重要事项——抽烟,也随着近年来世界范围的禁烟及划分吸烟的场所、时间段而渐渐处于濒死状态。

说起来,喜欢在性爱后来一根烟的男人还真不少。默默地吸上一口,然后把烟缓缓吐出,当烟吸入口的那一刻,瞬间就打造出一个不需要言语的独处时间。"这是不擅长亲密对话的男人的解救办法。"三浦纯[2]在

---

[1] 亨弗莱·德弗瑞斯特·鲍嘉(Humphrey DeForest Bogart),1899年12月25日出生,美国男演员,美国电影学会"百年来最伟大的男演员第一名"、第24届奥斯卡最佳男主角奖。

[2] 三浦纯,1958年生于京都,毕业于东京武藏野美术大学,以漫画家、插图家、小说家、音乐家、评论家、电台DJ、编辑等身份活跃于日本艺能界。

《正确保健体育》一书中如是写道。这个观点一针见血得令人拍案叫绝。完事后，几乎大部分男人都对交谈感到棘手，为了打发这段尴尬的时间，香烟成为展示男人孤独的小道具实在是再合适不过了。

但是，随着拒绝二手烟、分区域和时间段禁烟的风潮渐渐兴起、扩大，随着有关烟草的规章制度的完善与推进，自由吸烟的可能性越来越小了。可是这倒也无所谓吧。孤独地凝视着香烟，大多数时候只是个样子而已，男性似乎也有必要思考一些如何充实自己的项目了呢。

第四章

一个人孤独的世界

(孤独的实践者们)

孤独与流浪

提起孤独的力量,马上跳出脑海的还是种田山头火[①]和尾崎放哉[②]等流浪诗人们吧。他们之所以被世人所崇拜,是因为他们唤醒了人们潜藏于人性中对于孤独的某种憧憬。实际上,对于流浪这个事情,我自己也曾憧憬过,但却无法亲身去实践。流浪诗人们却实现了我们的梦想,所以我们对他们的崇拜之情自然而然地被撩拨起来。

迈进自己常去的酒吧,为了享受孤独而独自饮着杯中酒,这种姿态我无论如何是做不出来的。但我因为经常会去其他地方演讲,所以常常独自一人去喝酒。这种情况下,在酒吧甚至在整个城市中,我都是陌生、孤独的一个人,会产生一种宛如异乡客的不可思议的解放感。那些飞入耳中的方言,奇妙地能够让心情变得悠

---

① 种田山头火,1882—1940,日本自由律俳句的著名俳人。
② 尾崎放哉,1985—1926,日本著名俳人。

闲、愉快起来。

在嗜好旅行的人当中，选择流浪这种生活方式的人也大有人在。山头火和放哉是在流浪之中拥抱孤独从而咏唱出许许多多的自由律俳句。

放哉的俳句："无盛放之器，以双手捧之""咳嗽也只有一人"等等，让人感觉到那份寂寞是一种持续不断的痛。但在山头火的诗歌之中却隐藏着一份幽默感，更准确地说，是让人感觉到孤独的力量。

"孑然背影，行于暮秋凉雨之中""行行重行行，犹在青山里""不知来路，不问何方的我，但且行走着""路漫漫兮，唯孑然一身尔"……山头火的这些俳句，正是那些憧憬漂泊流浪的人生之人的必读经典。

不仅仅是俳句诗人们，文学家中也有很多流浪之人。例如，松尾芭蕉、小林一茶、海明威、亨利·米勒……小泉八云[①]也是一个流浪者，他是一名生于希腊的意大利人，十九岁前往美国，四十岁来到日本后来又加入日本国籍。

流浪、行走，算是孤独的一个技巧。心灵如果长期停滞不前，身体就会不舒服。不断地行走，领略不同的

---

① 小泉八云，1850—1904，原名拉夫卡迪奥·赫恩（Lafcadio Hearn）。

风景，把自己融入各种风景中，心也会随之生动、流淌起来。这也是让内心不封闭的要诀。

一直不断地行走着，哪怕是独自一人也感觉不到孤独，更能够感受到无法言说的某种连接。为了体味独自一人的时光，实际上有相当一部分人，正是使用着"行走"这一技巧。

史力奇流孤独的体味

在众多的卡通人物中,谁最热爱流浪与孤独?

正是在《Moomin 小肥肥一族》童话中登场的史力奇。在姆明山谷中生活的小伙伴们都特别重视独处的时间,也十分擅长与他人保持恰当的距离。换言之,生活中非常有礼貌。

这其中,姆明的亲友史力奇虽然是一个配角,但却作为孤独达人而深受观众喜爱。它热爱自由与孤独,没有独处的时间毋宁死,是一个形象非常突出的卡通人物。

史力奇从不越俎代庖多管闲事,它头脑敏锐极具智慧。它是一位居住在村子外围的半个流浪人,它进村时很多人会找它聊天,它和人们都保持着联系,它亦非常有礼有节。这正是敞开心扉的孤独的例子。

姆明的作者托夫·杨森①认为，史力奇是哲学家、诗人、政治家的形象，有传言这是以她曾经的恋人为原型创作出来的角色。所以这样一个魅力四射的动漫形象迅速地被观众所认可。

每年春天的时候，史力奇为了和姆明见面而回到姆明山谷，而到了秋天它习惯启程前往南边。而姆明对这样的史力奇崇拜得不得了。虽然打心底想要和史力奇一直待在一起，但他深深地理解史力奇的本性，绝不会束缚它的自由。无论何时，姆明都会温暖地等待着迎接旅行归来的史力奇。

再次见面的二人，不过是坐在小桥栏杆上，时而畅谈，时而晃悠着脚默默地注视溪流静静地流淌。仅仅这样一个简单的画面，他们之间相互的信任感就呼之欲出。

在这部童话当中，经常会出现史力奇独自坐在篝火前的画面。虽说燃起篝火是为了取暖或者煮茶，但我想大约凝视着跳动的火焰能够让内心深处涌现出许多非常美好的事物吧。看着史力奇就能够明白，人类有必要率先进入孤独状态中去。

---

① 托夫·杨森（Tove Jansson），1914—2001，芬兰著名女作家、插图画家。

虽说如此，如果过分沉浸于孤独，就会变得不知道如何与他人相处。工作亦是如此。那些声称自己要去给人生充电而辞职的人，心情很难恢复到工作状态。

意外地，人类只有在不断转动的时候才会有良好状态。如果持续转动的齿轮一旦停止，即便想要重新再开始，也很难顺利地转起来。

若是像史力奇一样按照季节的轮回来移动能够令你恢复精神的话，也是可行的办法。但这与周末充电是完全不同的概念。重要的是以何种姿态与孤独为伴，要有自己的想法与见解。

在我青年时期的那段孤独岁月中，与其说是充电，不如说是漏电更为恰当。那期间，我花费大量精力在学习上，虽然不能说毫无用处，但我自身并不认为这算是在充电。换言之，我这样一个存在，并没有供电的地方，感觉只是不断漏电，是一个非常危险的发电站。当时的我只能静静地等待把自身的电能转化成动能的机会。当然，我并不希望大家也经历那种等待的悲伤。

所有人都会经历一段不想被孤独所淹没的时期，大概会出现在十几岁的时候。初中一年级的时候尚未完全摆脱小学生气质，初二开始才会真正意义上开始身心的独立。随之而来的是孤独，好像如影随形。家庭关系也渐渐发生变化，开始想要一个人单独的房间。这是培养孤独力量最初的阶段。

到了二十、三十岁的时候，如果开始正常步入社会开始工作的话，或许也就没时间和孤独打交道了。整天忙着工作、忙着组建新的家庭步入人生的新阶段。

但话说回来，一旦过了五十岁，总体来说所有人又都会回到拥抱孤独的时期。秋天之后必然是冬日的降临，这是生命的寂寥与轮回。可以说，十三四岁的年纪以及五十岁之后，是人生的两大转机。但是，这两个时期对于孤独的感悟是完全不同的。

在刚升入中学那段稚气未消的时期，可能会觉得在未来的人生中父母与梦想不可共存。因为拥有着自己的梦想与希望，渴望强调自我的存在、加强自身的应对能力，所以想要尽可能地远离父母的庇佑。青春期的孩子大多都有过想要离家出走的念头，也正是因为这个原因。

另一方面，人在到了可以预见死亡的年龄之后，这个时期的孤独感会生发出对"生"与"死"的不同见解与觉悟，也就是人生最终是要自己独自去面对死亡。

不同的年龄阶段，对于人生与梦想有不同的处理方法。如果不能很好处理不同阶段的转变，结果就会总是自我否定："自己是个无用之人,梦想都无法实现的人。"当遭遇挫折的时候,不妨稍稍远离梦想的方向,学会以成年人的方式去思考,这才是重点。

能够很好地处理自己的梦想、与孤独为伴之人,可以称之为史力奇式之人。拥有史力奇式孤独的男人有高仓健、故松田优作等等。掌握这种技能之人拥有自己的内涵,都会像史力奇一样极具魅力。

与时代违和的孤独感

自己与所生存的这个时代感到格格不入。"或许生在更早一些的时代会更好。"这种与时代的违和感,容易催生出孤独感。

俳人中村草田男有这样一句俳句:"今雪落但明治已远。"一个时代闭幕了,对那美好的旧时代的怀念之情不禁油然而生。这样的心情我相信大多数人或多或少都能产生共鸣。

此外,永井荷风①对逝去的时代也有着哀切的追思。荷风很喜欢江户和明治时代的空气,但是,时代却不因他的意志为转移,悄无声息地更替。荷风在大战后所著的诗集《偏奇馆吟草》中有一首名为《震灾》的诗。在日本,无依无靠的妓女们死后存放遗体的寺庙被称之为"投入寺"。这类寺院的代表净闲寺中就建造了一块

---

① 永井荷风,1879—1959,原名壮吉,别号断肠亭主人、石南居士等,日本小说家、散文家。

石碑，上面雕刻着《震灾》这首诗。

在这首诗中，荷风通过"震灾"这一主题，表达了对江户时代及明治时代的文化逝去的叹息。第九代市川团十郎①、樋口一叶②已经故去，上田敏③和以及森欧外④也早已离开这个世界，如果自己的青春梦想也消亡的话那该有多么得悲伤。

时代在变迁，虽然明知这一点，但如果做不到与时代迅速融合，那么怀旧之意便会沁然心头。若回过头去看，那份怀旧可以说是上天赐予我们的孤独的能量补给吧。

如果一个人能完全地融入一个时代当中去，那他的心态应该会十分平和美好。1947年到1949年出生的人，都沉迷于甲壳虫乐队；年纪再大一点的人呢，喜欢在那个年代特别流行的边喝茶边唱歌的店里头齐声欢唱着各

---

① 市川团十郎：是一个从江户时代初期开始的歌舞伎世家，到2013年已经传承到第12代，历代座主都以市川团十郎为名。其中第9代因功绩无数而被称之为明治剧圣。在歌舞伎界如果提到第九代，一般都是指这位第九代市川团十郎。
② 樋口一叶，1872—1896，是19世纪日本优秀女作家、日本近代批判现实主义文学早期开拓者之一。
③ 上田敏，1874—1916，日本诗人、评论家。
④ 森鸥外，1862—1922，日本医生、药剂师、小说家、评论家、翻译家。

种民谣。放在现代,就是"RAP 好帅啊!"这样的情况吧。朋友伙伴们肩并肩战斗着,情绪高涨,恐怕完全感受不到任何孤独感。

原本,所有人在青春期都会感到不可名状的忧郁吧。如果这些都被隐藏在时代的氛围之下,而不去直面这些负面的情绪,我想这绝不是一件令人幸福的事情。

在谷川俊太郎①的《俯首青年》一诗中就表达了对那些粉饰眼前太平安逸的批驳。

垂下头
垂下头
你向我打听
我到底为了什么堵上自己的性命?

皱皱巴巴的雨衣
衣兜里塞满咖喱面包
如箭矢一般笔直的灵魂
我只有这些,激烈热情

---

① 谷川俊太郎,1931 年生,是日本当代著名诗人、剧作家、翻译家,被称为昭和时期的宇宙诗人。

我只有这些,轻松愉快

(摘自谷川俊太郎《俯首青年》)

"垂下头,垂下头",诗中以复句的形式开篇,仿佛让我们感受到了一股略带笨拙的青年风能量。

如果在青春期的时候,感觉到被时代所抛弃、感到某种不可名状的隔阂之时,不妨像谷川那样真挚地面对孤独,试试看!

此外,谷川在他的文坛处女座《二十亿光年的孤独》一诗中,如此诉说着年轻人的孤独。

何谓万有引力
正是互相吸引的孤独之力
宇宙正在倾斜
因故才渴望相识

(摘自谷川俊太郎《二十亿光年的孤独》)

谷川在描绘孤独的诗中,还有另外一首是个诗《悲伤》也广为流传,声名不在《二十亿光年的孤独》之下。但我独独对"何谓万有引力/正是互相吸引的孤独之力"这一小节所心醉神迷。

两个物体之间质量的乘积成正比,与它们距离的平方成反比,由此产生引力。这是万有引力的法则。重量越重,自身原子核的收缩能量就越大。当收缩能量超过极限时便会形成黑洞。将这个法则类比在人类身上,那就是孤独的重量越来越大达到并超过极限时,就蕴藏着吞噬一切的危险。

我不禁想起20世纪大思想家乔治·巴塔耶[①]所遗留下来的孤独观。

忘却一切。深深地降落于存在的夜之底。……在完美无缺的黑暗之中,品尝深渊的恐怖。在孤独的寒意之中,在人类永劫的沉默之中,战栗着、绝望着。……这是神之语。为了抵达孤独的深渊之底,可以尝试使用这种语言。但我已然无法先知,也无法聆听神的声音。我已经不知道神了。

(摘自乔治·巴塔耶《内在体验》)

面对如此黑暗的思维我也会感到不适,我自身也并不推荐像巴塔耶那样孤立地活着。但是,当今日本的主

[①] 乔治·巴塔耶(Georges Bataille),1897—1962,法国评论家、思想家、小说家。被誉为"后现代的思想策源地之一"。

流只是一味地排除孤独,对此我十分遗憾。希望大家可以理解的一点是,孤独偶尔也会催生出强而有力的力量。

文学与孤独

曾经,我们可以理所当然地接受一定程度上的孤独感。无论是谁,多多少少都会感到孤独寂寞,这一点众所周知。

但如今,只要略微有一点寂寞消沉,就被认定为"小抑郁",把它当成一种病症去对待。实际上,一旦消极地对待孤独,就很容易慢慢陷入忧郁的精神状态。虽然孤独的确有不良的一面,但我认为现代人耸人听闻地单方面强调了孤独的不利面。

对于一直品位孤独的我来说,一直在探索思考着,本书能否在积极地看待孤独这一事上对大家有所启发。

例如,文学对于人类来说一开始就是孤独的存在,这一表现作为例子就非常合适。文人们越是极尽所能地描写着极端的孤独,作为读者我们就会越发地肯定并轻易地接受那样的思想——"我要是也拥有这样丰富的情感就好了。"

最具代表性的便是太宰治①的《人间失格》。书中的主人公仿佛是将身体内的孤独过滤、熬干，从而达到了纯度百分百的孤独。当大家了解这样一位主人公时，读者会不禁感慨："哇，这世上还有如此程度的孤独之人么？"在读者感到震惊的同时亦会感到心安。事实上，仅仅只是低声念叨着"人间、失格"这两个词，仿佛就能安抚自身的孤独一般。那种想要奔向死亡的孤独，太宰以基督教受难者般的心态全盘接受，从而代替真正的死亡。总之，在品位孤独的基础上，与其因憧憬太宰治的孤独选择自杀，不如因为太宰治而变得心情愉快。这才是正确品位孤独的方式。

一个人生、一个人死，人类总是在某个时刻会感到孤单、寂寞，但是伴随着这种寂寞活着却是再平常不过的事情了。只有怀抱着如此的心态，我们才能从消极的孤独泥潭中脱身。

克尔凯郭尔②在他那隐隐充斥着对生存的不安与绝望的书籍《致死的疾病》中，他如此说道："孤独是生

---

① 太宰治，1909—1948，小说家，日本战后无赖派代表作家。
② 索伦·奥贝·克尔凯郭尔（Soren Aabye Kierkegaard），1813—1855，丹麦神学家、哲学家及作家，一般被视为存在主义之父。

命的要求。"加西亚·马尔克斯①的名著《百年孤独》，讲述了被孤独所缠绕的某个拉丁美洲家族的传奇故事。当我们接触到这部将孤独明确语言化的作品时，至少我们可以产生孤独共鸣感，仿佛与某个人息息相关；并且，这个与我们所连接之人，是伟大的前辈，是文学史上极其闪耀的星辰。

在日本，最擅长描写孤独的作家是太宰治和中上健次②，他们才华横溢，死后也被人称道不已。一想到这样的伟人们其实也身怀无法言说的孤独，心中就会滋生出非比寻常的勇气。阅读描述孤独的著作这件事本身，就是对孤独的一种肯定，也是从孤独的深渊中挣脱的绝佳良方。

青春期正是开始理解孤独感的最初的时期。在此，我要推荐一些适合青春期、青年期阅读的关于孤独的作品。

---

① 加西亚·马尔克斯（Gabriel García Márquez），1927—2014，哥伦比亚文学家、记者和社会活动家，世界文学史上最伟大的西班牙语系作家之一，拉丁美洲魔幻现实主义文学的代表人物，20世纪最有影响力的作家之一，1982年诺贝尔文学奖得主。
② 中上健次，1946—1992，日本当代著名作家，被称为"日本的福克纳"。

【青春期】

青春期是成长、开始自立的一个阶段,也是很容易陷入消极状态的一个时期。但是,很多文人却特别钟爱那青春期特有的多愁善感的孤独。如果一部作品能够与自己在青春期那无处安放的敏感心思产生共鸣的话,会引发灵魂被救赎的感觉。

《十九岁的地图》中上健次

故事的主人公是一位 19 岁的青年,他一边在高考辅导学校读书,一边打工送报纸。他在地图上给自己区域的每家每户都做上记号——打上一个叉,怀抱着无家可归的愤懑感,打电话威胁骚扰那些人家,声称要"杀了你们哦",以此来排解烦闷。他周围的男男女女们,全都是毫无希望、麻木地生活着。他的身边聚集了一群伤害自己的志同道合的人。这种孤独看上去毫无救赎的办法,但随着阅读的深入你会体会到一点,任何人都是怀抱着寂寞拼命地生存着。

《棒球少年》浅野敦子

这是一本讲述友情故事的书,精心地描绘出了少年们心灵的成长。书中对棒球技巧的描写也十分精湛。主公人是天才棒球少年——巧，他与家人保持着距离，隐藏着自己的思想。主人公的那些自大的言行举止，是为自我世界奋斗的不自由的笨拙的一种反映。书中大量描述了他的这种进退两难的境地，朝着梦想勇敢迈进之时的孤独感、与家人的隔阂疏离等，不禁油然而生"啊，这正是青春期啊"的感慨。

《石之思》坂口安吾

少年主人公的父亲是乡里的政治家，平时根本不着家，少年基本上一个月只能见到父亲一次，父亲也只有在需要磨墨的时候才会把少年唤到自己跟前来，这让他十分厌烦。因为他总是欺负他人，所以他的后妈也对他十分嫌恶，并且把他当成棘手的刺儿头。"我完全不知父爱为何物。""我与后妈的关系只有互相憎恨。"少年与父母亲的关系都不好，完全处于孤独之中。在那种境域之下，他变得对所有的一切都十分冷漠。反过来看，虽然造成这一切的原因是他被父母所抛弃，但少年并不是被"他人"所抛弃，他是自我放弃。与其说这是滑稽的事情，倒不如看成是主人公找到了与自我孤独妥善相处的方法。这种见解也很有趣吧。

《德米安》赫尔曼·黑塞

本书讲述的是,正处于从少年转向青年时期的主公人辛克莱,寻找通向自我之路的成长故事。辛克莱憧憬着谜一般的德米安,渐渐地他学会了独立。对这个创造自我世界的过程产生共鸣之人想必有很多。过剩的自我意识、自卑感,沉迷于酒精、烦恼友情、怀抱孤独,然后寻找原来的自己。这样的辛克莱是令人着迷的。

【青年期】

现代人容易自我意识过剩,却因这种种念头而自我苛责,很容易陷入恶性循环。但是,接纳这烦扰精神状态的温柔,正是人类的深沉之处。通过阅读,与那些在孤独之中翻滚的主人公们产生共鸣,或者把他们当成反面教材引以为戒。

《人间失格》太宰治

这部小说不消多说,想必大家也十分熟悉,这是一本孤独中的男人的告白。书中最后一句:"现在的我,没有幸福亦没有不幸。只是就这么得过且过罢了。"无尽的孤独与寂寞啊……

《城堡》卡夫卡

主人公 K 是一位土地测量员,他经过长途跋涉,终于抵达了城堡管辖下的一个被大雪所覆盖的贫穷村落。受雇于城堡的伯爵的 K 前来赴任,但他却在与村民聊天时产生了摩擦,被村民无礼的态度所玩弄,因此感到十分疲惫困顿。那通往心仪城堡之路忽远忽近,仿佛近在眼前却永远也无法抵达。书中细致地描写了主人公无法进入属于他的社会体系时的孤独感与疏离感,一卷不合常理的孤独世界展开在读者眼前。阅读这类作品,仿佛能够抚慰我们同样不融于社会的苦痛。

《方丈记》鸭长明

鸭长明生于平安末期京都下鸭神社的大神官之家。他的未来早已铺好了光明的道路,但他却在晚年选择了出家。他在一个名为"方丈"的小小草庵之中,思考着人世的生与死度过了自己的一生。本书中浓墨重彩地描述了"无常观",是一本十分适合体味孤独的书籍。

《一握之砂》石川啄木

石川啄木是描写感伤之情的名家。他既有咏叹一个人独处时的空虚之词,如"埋头苦干/埋头苦干/生活却并无好转/只能凝视着双手";也有抚慰孤独之句,如:"眼见友人皆已出人头地之日啊/买上一束鲜花回家与妻子温存""东海一小岛/礁石白沙上/我哭泣着/与螃蟹嬉戏"。像这些触碰到内心深处感情的诗句,不妨背诵下来。当一个人独处时拿出来读一读,"原来也还有人同样寂寞着啊……"仿佛有人和你一起在品味着孤独,此时勇气不禁油然而生。

读书，是通往逝者世界的旅程

书籍是非常不可思议之物。原本是毫无交集可能的两个人，死去之人以一种"灵媒"的方式在对自己说话，仅此一点便引起了我极大的兴趣。比起眼下的流行小说，我更喜欢阅读一些古老的经典。例如幸田露伴、樋口一叶、式亭三马等人的作品。每当阅读他们的书籍时，便感觉"啊，故去的伟人们通过'灵媒'都来和我说话了"。如果真正的通灵之人出现在你面前，我想谁都愿意付钱探寻一些事情吧。究其原因，是因为大家都会对逝者的声音十分感兴趣，可以肯定人都会被其所吸引。通过书籍，我们可以随时跨越时空阻隔，与逝去之人进行隔空对话。这不能不说是一个奇迹。

关于孤独，我从宫泽贤治身上学到的最多。宫泽贤治是一个致力于将自身的孤独升华成作品之人。

像宫泽贤治那样才华横溢的人，世人恐怕无法轻易地理解。孤独分很多种，身怀英才而不能被世人所理解该是多么寂寞啊。有才能并不能说就是一件幸福的事情。如果不能被他人所理解,很容易对自身造成压力。而唯一能够理解贤治的人便是他的妹妹,但他的妹妹却也先一步离他而去了。那部凝聚着他对妹妹的深深思念之情的作品——《银河铁道之夜》,我想便是由孤独的力量凝结而成的美丽结晶。

在《银河铁道之夜》之中,主人公乔凡尼经常被朋友们欺负,乔凡尼父亲出海捕鱼却再也没有回来。父亲曾对他说:"我会给你带一件海獭皮的上衣回来。"他的同学扎内利等人便经常嘲笑他:"海獭皮的上衣来喽。"他唯一的小伙伴坎帕内拉在银河祭的夜里也和平时欺负他的那帮人站在一起。在银河铁道的旅途中,坎帕内拉一直和其他女孩子谈笑,独留乔凡尼一人寂寞无聊。并且在他刚刚发誓会永远和乔凡尼在一起之后,却又马上失去了踪迹。在这个故事当中,朋友、应该说真正永不分离的朋友并不存在,世人不论何时何地总会有感到孤独的时刻。

这趟银河铁道的旅程,象征着通往逝者世界之旅。因此,能将《银河铁道之夜》完整地朗诵一遍的人,哪怕不是高声朗诵而仅仅只是全部阅完,他内心的某个角落必定会潜藏着孤独吧。

在贤治关于孤独的作品中,《夜鹰之星》也是一部十分好的作品,我尤其钟爱《告别》一诗。四月份已经不再去学校的贤治,给学生们留下的话语都在这首诗中。

"你所拥有的素质与力量/在这城镇的上万人中/你这般的约只有五人",但贤治接下来马上又写道:"我最厌恶那些自恃有才就不努力之人。"大约一旦懈怠,你马上就会失去"才能"这一财富。最后,"我将再也不会与你相见",这样的老师实在是苛刻。

当众人都在城市里度日
终日玩乐之时
你要一个人割着那石原上的草
将这份寂寞用以创造出音符
将众多侮辱与贫穷咀嚼成歌
假如你没有乐器
听好,你是我的弟子
发挥你所有的力量
将那漫天光芒织就的管风琴
奏响
　　(摘自宫泽贤治《春与修罗 第二集》"告白")

读书,是通往逝者世界的旅程　131

宫泽贤治的这首诗是鼓励他的弟子们，为了让音乐不因懈怠而混沌，要好好地珍惜一个人的时光，把寂寞转化成力量。

单论诗歌本身而言，贤治笔下能与《春与修罗》比肩的作品数不胜数，但像这样正面肯定孤独之诗可谓仅此一篇。

高村光太郎有一首诗《道程》，诗中立誓要一个人独自生活。诚然，遗留下丰功伟绩的人大多是一个人体会孤独、默默克己的独行者，但只有宫泽贤治，会劝导世人：孤独是非常重要的，要学会掌握孤独的力量。"若是满足于现状，就此悠然过活的话，我再也不想看见你了。"如此强有力的告诫真是令人心悦诚服。

当大家都其乐融融之时，独处会觉得分外寂寞吧。但是贤治教给我们的是，从忍耐住那份寂寞开始，所有的一切就都会发生。

这首《告别》对我的影响非常深远，时至今日，在我的学生们的毕业典礼上，我都会挨个儿送给他们。实际上，毕业典礼可以说是从旧有集体中脱离出来的一个时间点，未来也无有可期。在此状况下，人们自然而然会产生不安与孤独感。而我希望这份孤独可以成为他们发展的巨大能量，所以，我衷心希望他们能够时常多多读书。

　　吉田兼好在《徒然草》中写道："孤灯下独坐观书，与古人为伍，最为乐也。"这句话是说，一个人独自在灯下看书，与从未谋面的故人交朋友，没有比这更能让心灵感到安慰的事了。

　　阅读小林秀雄以及歌德等人的优秀古典文学作品时，可以说是每个人的《银河铁道之夜》之旅、通往亡者世界的旅途。伟人们已逝，并且离我们很遥远，甚至他们的灵魂都不知在何处彷徨漂泊，但我们通过书籍却可以和他们会面。

孤独的诱因

品味孤独。

实现这一点的契机,我想有很多很多,例如,被异性甩了,然后在悔恨与不甘中开始全身投入到学习里去。又或者被朋友所排斥、孤立,"和那帮人混在一起不行啊,我一个人待着也没关系",然后开始热衷于某项事物。

一般来说,当人在受到伤害而暗自懊恼时,会突然改变态度,或者说会抛弃他人开始一个全新的自我。虽然这或许是一个比较极端的手段,但这也确实是一个典型的类型。

在那段孤独的时期,我经常半夜在公园练习网球的挥拍动作。那时候我几乎没有朋友,作为二十多岁的年轻人来说也过于闲了点。只是,一个人独处也并没有想象中那么痛苦。为什么这么说呢?因为再也没有比那段时光更加充满雄心壮志的日子了。

曾经,野心与黑暗相伴相生。恰逢我青春岁月的

（20世纪）七八十年代，整个年代比现今的时代都黑暗太多。对我来说，青春期正是十分适合打磨野心的一段时期。

与那个时代相比，现代人的野心已经变得十分稀薄，时代的氛围也丝毫没有可比性。现今的时代开明太多了。2006年的时候，日本曾发生"活力门事件"。纵观当时活力门的社长堀江贵文，唤起久违了的野心的人也不少啊！野心与黑暗已经不需要相伴相生的好时代已经来临，但我依然固执地认为，"野心"与"独行"不可分割。

坂口安吾是芥川龙之介的外甥，他曾与葛卷义敏一起创办《同人志》，一起做编辑。这一点在《暗黑的青春》（收录于《风与光与二十岁的我》）中有详细描述。当时安吾与葛卷以芥川的家就是编辑室，他们经常干活到深更半夜。虽然身处同一屋檐下，两个人友好相处共同编辑创办杂志的描写却非常少，更多的是他们经常发生争执，安吾专心翻译《同人志》需要的内容，葛卷则高速地创作小说。

总之，他们二人都徜徉在自己孤独的海洋之中。我想，他们两人之间还存在着某种意义上的竞争关系，这种友情，既能相互鼓励充满能量，又极具野心。"并非只有我身在黑暗之中，我想我的朋友亦是一样。我们有着无可散发的热情、希望与活力，但却毫无焦点。"安吾曾如是说道。双方都不知道做什么才好，不如暂且互相做个伴，这种孤独者的共鸣把他们连接在了一起。

我因野心完全地筋疲力尽了。

这里提到的野心，只是单纯地想要扬名立万而已。但是，我却因为这份想要成名的野心而感到十分焦躁，我该写什么，必须要写什么，老实说，我即便掏空肚子也没有想要向他人诉说的语言，无尽的野心造就了我盲目的自信。而我在语言方面的欠缺，则令我看清自己的力有不逮而感到分外失意。

这份失意让我无时无刻感觉到"想要逃避的心"。我憧憬着离经叛道之人。

（摘自坂口安吾《暗黑的青春》）

如果我们不被教育"恋爱是一件美妙的事情"，那么男女之间没有感情而结婚也就不是那么不可思议的事情了吧?！正是恋爱给人留下的美好印象，令世人对爱情心生向往。同样，对青春的向往也正是因为我们被灌输了某种印象，青春所特有的，无处安放的焦虑以及充满野心的黑暗与痛苦，我想这都是令人憧憬的部分。总之，我们如果被灌输爱情与青春的孤独方面的知识，或许我们会期待着它的发生。

日本在古时候曾经有行冠礼的传统，即男子成年时候的一种仪式。在那个时代，大家对青春期的所有事情都一概不知，所以可能会以为可以慢悠悠地迈入成年。但众所周知，青春期正是烦恼最多的时候，简而言之，尽可能地让自己不要毫无作为不正是大家的心里话吗？

因此，关于孤独，也有必要塑造一个能够令人憧憬的对象。例如，以坂口安吾为模范，你也可以尝试一下写小说或者模仿他的不羁之态等等，一定会有各种各样的方式。能够自己思考出孤独的时间该做什么固然好，但没有方式方法的人就会陷入孤独之中碌碌无为地过日子，所以，效仿孤独的达人们是非常重要的一种方式。

尤其是日本人，基本上都十分不擅长独处。好像也不仅限于日本人，似乎全亚洲人都是这样的心理状态。曾经造访过日本的外国友人们屡次提到这一点，在这种民族性的状态中，要敢于独处。为了达到这一目的，我们需要找到自身可以学习及模仿的孤独的实践者。

中原中也

中原中也是日本孤独界的明星。

只要念起中也的名字,就会对孤独萌发出浪漫情怀之人不在少数。他可谓是真正的诗人。

中也的诗中有一首名为《天真无邪之歌》。此诗以"思来往昔已故远"起首,全篇无处不透露出中也的孤独。

现如今也有妻小
思来往昔已远
此生尚不知止于何时
姑且一笔勾销

姑且一笔勾销
往昔之日日夜夜
所眷恋的人和事啊
恍然如在梦中

（摘自中原中也《天真无邪之歌》，

收录于《往昔之歌》一书）

对我来说，《阴天》这首诗也是孤独之诗。那飘扬的黑色旗帜，正如同自己都无法驾驭的孤独。

某天清晨，我看见了天空中飘扬的黑色旗帜
飘啊飘啊，飘荡着
它高高地飘着，听不见一丝音声

我想够着它，把它拽下来
可我没有网，做不到呀
旗子依然在飘啊飘荡着
仿佛朝着天空深处飞舞而去

（摘自中原中也《阴天》，

收录于《往昔之歌》一书）

《月夜的海滨》这首诗，以我在月夜的海滩边捡到一颗纽扣为场景开篇。

我捡起了它

并非是觉得它有何用处
只是我不忍将它抛向月亮
只是我不忍将它投入海中
我把它收入了袖兜之中。

月明之夜，这粒拾到的纽扣
沁湿了我的指尖，沁入我的心间

月明之夜，这粒拾到的纽扣
为何会被人所丢弃？

（摘自中原中也《月夜的海滨》，
收录于《往昔之歌》一书）

作者原本想要丢弃这颗拾到的小纽扣，却又不忍心扔掉。这首诗并非是描述与他人的回忆，也不能说是描述内心的爱意，仅仅是阐述了月夜下独自漫步的自己，或者说捡到纽扣的自己，那纤细敏感的心灵也是非常之珍贵的呢！

石川啄木①和萩原朔太郎②的作品也咏叹孤独，但诗中所散发出的感性却与中原中也大相径庭。而对于高村光太郎③的诗作，比起诗人的本能，更多让人觉得是在有意识地创作。此外，宫泽贤治不像中也那样有沟通障碍，它的作品也深受小孩子喜爱，在表现孤独感这一点上，还是贤治更胜一筹。

在世界所有文化领域，诗人可谓是最受尊敬的职业。尽管如此，假如在日本想要靠诗人这个职业赚钱几乎不可能。在法国，不管一首诗流行不流行，人们总是争相称赞，而在日本就只会被围观而已。不能被世人所理解，这也是中也十分痛苦的一点吧。

即便有人说能够理解中也的诗，但我想那些人也只是站在高处不痛不痒地随便一说罢了，他们并无法和中也产生共鸣。没有人能够从本质上理解自己的世界，这种孤独感可以说十分之巨大。

恐怕多少能够理解一些中也的孤独之人，也就只有小林秀雄了。在小林秀雄的作品《思考的启示4》（文

---

① 石川啄木，1886—1912，歌人、诗人、评论家，擅长写传统的短歌，他的歌集开创了日本短歌的新时代。
② 萩原朔太郎，生于1886年，日本早期象征主义诗人。
③ 高村光太郎，1883—1956，号碎雨，诗人、雕刻家，日本近代美术的开拓者。

春文库出版)中,有一篇名为《纪念中原中也》。小林写道:"在世间中生存,唯一的方法是要学会自我隐蔽术。但他却有一种十分强烈的欲求,想要把自己最隐秘的心思和众人区别开来。"小林注意到,中也是一个过于感性之人,他太了解他人的心思了,却因此反而伤了自身。小林也对中也能够将那份痛苦付诸语言这一点十分钦佩,但最后小林却夺走了与中也同居的恋人长谷川泰子。

虽然两人经历了如此复杂的关系,但中也在临终之时,小林写下了如下文章。

前些天,中原中也死了。天妒英才啊,他是世上一流的抒情诗人。他被那些外来语诗集的影响、戴着诗人面具的蠢蛋们所唾弃,但他依然写出了十分具有日本人气息的传世诗篇。……在这个充斥着时代病、政治病的患者时代,也有很多人因患上了孤独症而死亡,到底该多么深刻地抒发胸怀才不至于如此呢?

(摘自小林秀雄《中原中也》,
收录于《小林秀雄全作品集10》一书)

自身才华得不到认同的孤独感,再加上身为优等生却无法报答双亲的期待反而当了诗人的愧疚感，以及身为诗人却无法获得社会性成功的焦躁感……为了去除这些负面情绪，他渴望想要如同今日这般扬名于世，他想要成为像兰波那样的伟大诗人，但遗憾的是，这一切都在他死后才得以实现。

简单讲，心灵分强大与弱小。但不管是强大还是弱小，中也敢于做出"不要强大的觉悟"。比如，"朝着坚信的道路不断前行""面对困难我也要勇往直前"，这些决心确实伟大而强力。但这样的强大会让心灵的触须变得迟钝，这才是让中也最为恐惧之处。

有些微妙的寂寞只有在心灵孱弱时才能够体会，而人们在十三四岁的青春期最擅长捕捉这种情绪。若仅仅到此为止的话，孤独感并不会很深，而中也是在有妻有子之后依然继续感受着孤独。不可否认，这孤独感如影随形，可以说，与同世代的人相比，中也更加能够承受孤独。普通人可能只是一瞬间的感觉，对于中也来说那孤独终身如影随形，彻入骨髓。

话虽如此，但他顺从地接受了这所谓诗人的命运。

在《羊之歌》一诗中，中也描述了自己为忍受孤独寂寞所做的准备。

死亡来临的时候，我要仰面向上！
我这小小的下巴，向上向上！
因我无法再感知我应感知的事物，
于是，死亡是对我的惩罚。
啊，死亡来临之时，我要仰面向上！
至少在那个时候，我也要成为感受一切之人！

（摘自中原中也《羊之歌》）

我也有类似中也的想法，当临终迎接死亡之时，所以对这首诗我感触颇深。中也不但擅长恋爱的情诗，对孤独的歌颂更是一绝。

在他死后被世人称为"日本的兰波"。兰波也好，中也也罢，他们都是在某一方面心思过分细腻之人，也因此，他们才会被世人所抛弃、所伤害。贴近他们的心灵，就能够对品味孤独的方式深有体会。作为一位诗人中也可以称得上天纵奇才，但是他并不擅长阐述自己的思想，只会描述意境，这也正是其伟大之处。如果想要独自一人感受自己的思想、体味自己的内心，那么中原中也是最优秀的教科书。

潜　心

作为孤独的学习对象，林尹夫①是其中一员。当时他就读于第三高等学校，也就是现在的京都大学，但他却在学业的中途战死。在他被击落的仅仅十九天之后，那场战争就结束了。如此悲惨的命运令人扼腕叹息。即便在战争年代林也没有失去对知识的好奇心与自豪，他擅长发现自我，遗留下了许多细腻的日记及片段式想法的诗歌、论文等，他的遗作后经集结成书——《我的生命在月光下燃烧》（筑摩文库出版），这本书可谓是我青春时代的圣经。大约是在我十八岁左右的时候，我在这本书中第一次读到了"潜心"一词。

五月十五日
不要纠缠于微不足道的友情，潜心于孤独之中吧！

---

① 林尹夫，第二次世界大战末期日本神风特攻队飞行员，京都大学在校生。

避开轻浮虚妄的伪装,致力于基础的真实的创造。一个人是很寂寞,但也不想和谁都交际着。我要建起一个人的城堡,独自闷在里面。我只要想接受S先生的教导,还有K先生。其他所有人的来往至少现在是毫无意义的。让我一个人待着吧,就这么继续下去,我想要把握普遍的"真理"。

十二月十五日

需要降低自我的那并不是友情。所谓友情,必须是能够相互令对方有所提高的存在。上升提高是所有事物的根本。比起低俗且无聊的交友,我更倾向于充实的孤独。

仔细琢磨体会现在的我的孤独,尝试潜心于其中吧。这是有着深奥意味的孤独。一个人独处,这正是生命之根源。

(摘自林尹夫《我的生命在月光下燃烧》)

就像这样,他屡次三番将想要孤高地生活的热情与对孤独的慨叹记录在了文字中。

我很喜欢"潜心"一词。想象自己沉入深深的水底,漂荡在无声的世界被寂静所包围着,独自一个人封闭自我，只专注于某一件事。如此培育出来之物，就永远不会消失。即便从水底浮上来，它也会一直在自己的内心深处存在着。

虽然这个词最近已经不太使用了，但曾经它在我和友人的对话中经常会冒出来，静静地处于潜心之中的朋友可以理解这一点。当我想要一见专注沉溺于沉思之中的朋友时，他会告诉我："我正在潜心期，所以不能和你见面哦。""你在潜心期啊，我明白了，在你浮上来之前我都不会打扰你的。"因此我也会把他暂且放在一边，这成了我们之间不成文的规定。

当你沉溺于某件事时，有可能会被世人非议为"阴沉的家伙"。我们经常会被要求随时随地都要维持圆滑周到的社交面孔。但是，如果稍微潜下去又马上浮上来，上上下下如此往复，其实毫无作用。如果你想要自身实力足够达到质的飞跃，潜伏期起码要三个月甚至半年以上，累积到一定程度之后才会爆发。决定好潜伏期间应该做什么，就要一鼓作气做完就好。

例如，在三个月期间一心一意地阅读古典经典或一年内看上两百多部电影。总之，先养成专攻的习惯，这样才能彻底、细致地了解爵士或古典音乐的世界。如此集中精力才能够成事，并且你与他人的成长也会完全不同。

  我推荐大家要灵活运用"成果笔记本"。在笔记本上记录下想要达成的目标，如此一来潜心专研的兴致就会空前高涨，当一个目标达成之后再写下另外一个。前文提到的林尹夫也遗留下这样一份笔记，他把"读书计划"与日常学习、健康管理等目标都记录在册。

"憎恶平凡人"

前文提到的《我的生命在月光下燃烧》一书，可谓是使我震撼之语言之宝库。"谁，想要得到一位伟大的老师""踏踏实实地坐稳""想要变成更美好的自己，觉醒这份意志然后前进"……每当我哗哗翻开书页时，总能产生共鸣然后迅速沉溺其中。

是什么让我如此激动呢？说起来还是作者林尹夫对自我期待的心情吧。他是旧时代的名校生，在当时是无可争议的精英。但是，他并不是因为天生优秀才对自己抱有极大期望。每日专心学习肯定能促成自我的成长，他相信着那样的未来的自己。

自我期待这件事，不是嘴上说说的那么简单。才华横溢之人自然会有着强烈的自负，但实际上对自身的期望与想法，即自我期待能力，与才能的多寡并无关系。比起才能的多寡，自我期待能力的强弱才是提高自己的养分，才能造就成功。总之，极大地培育自我期待能力的孤独时间，是重中之重。

第一次看到"憎恶平凡人"这几个字时，我是十分同情的：这个人肯定是不自由的人吧，肯定也没有朋友吧。但同时也会产生一种想法，觉得这个人与自己十分相似，仿佛是看着镜中的自己。当然，这话潜藏着某种傲慢。但是，年轻时候的那股傲慢，难道不也是个好东西吗？它可以让我们相信自己，从而变得更加强大。

举个例子，就像卧龙诸葛亮与凤雏庞统那样。隐伏的神龙、凤凰的雏形，他们在被世人所认可之前，一直在默默地积蓄着力量。

反过来说，对于未来的自己的期待，才是支撑我们年少时度过彷徨无助的孤独时光的力量。这句话我曾把它印刷在高中体育节的班级T恤上。

六月七日

为了生存，我们必须锻炼自己，让自己变得更加优秀。……我的愿望是，无论多么孤独寂寞，人类也要在有意义、有价值的道路上精进。为此，我已做好了舍身的觉悟。

（摘自林尹夫《我的生命在月光下燃烧》）

在反文化运动的全盛时期，对于如此积极的态度曾有如此观点："反正马上都要死了，认真过活的都是蠢蛋。"老实说，不管死亡是否已经临近，保持清净心努力做事这一点真是十分伟大。

林尹夫遗留下的日记中那股属于旧时代高校的风气，我都纳入到自身当中，从而度过了我的青春。也正因为如此，对于那些不断主张强调自己的青春才是真正的青春的某个世代的人，我在年轻时就十分厌烦。日本团块世代的人们总是大肆宣扬反文化运动的风潮以及口头上的反体制，对于他们的青春讴歌文化的嫌恶，直到今日我依然根深蒂固。

无论如何，只要阅读林尹夫的日记，就能够感同身受他的孤独。但是相应地，也有些人会强烈地对友情产生憧憬。

真正的友情，对我来说意味着燃烧热情。虽然我有着这样的期盼，但至今我还一次都没有碰到过……

我有时候在想，是我自己没办法正常地交朋友吗？……自身孤独的秉性真是悲哀啊！

（摘自林尹夫《我的生命在月光下燃烧》）

追求独一无二的友情,他对此苦苦挣扎着。正因为想要追寻友情,所以更加不曾放松锻炼自我的缰绳。"憎恶平凡人",我想现在正是敢于将之诉诸口头的时代。

第五章

孤独的力量

独自一人才能看见的风景

1980年往后,"孤独"被有意识地从我们眼前隔离开来。各大集团所谓的品牌战略意图,一旦涉及消费行为,就会故意混淆孤独的概念,让消费者丧失"我是谁?"的自我内省就安心了。可能也有人会说:"追寻奢侈品之路也是孤独的。"但这里的孤独是指空虚、空洞,它与一个人独处时深层挖掘自身内在的那种严谨的孤独不可相提并论。

人们越深陷各种物欲之中,就越容易迷失自我,会更加惧怕一个人独处。想要克服一个人的寂寞感,唯一的方法便是反其道行之,把多余的附属物一个一个地从身上剥离开来。要诀是前往一个只要呼吸便绰绰有余的地方,自然而然就能够有所开悟了。这是近似于禅道的思考方式,说起来参禅是最典型的孤独技巧。

自禅道在镰仓时代完善以来,它对日本文化的形成、发展史产生了极大的影响。在日本,除了禅文化以外,还有奈良时代的佛教文化、平安时代的贵族文化、江户时代的庶民文化等等许多文化路线。但是能乐①也好，花道、茶道也罢，脉脉相传至今的这些可以看作是日本的代表文化，其精髓中无不流淌着"禅道"所讲究的安静集中力。

想象一下能乐的舞台就可以明白，演员们在舞蹈时时常是只有一个人在表演，在空旷的舞台上显得太过孤独了。但是一个人独舞时，灵气才会强烈地散发开来，从而征服观众。

插花亦是如此。看上去赏心悦目的作品中，无不蕴含着凛冽的风情。花是孤独的，才能够自成世界灼灼而立，所以我们才能通过花朵感受到插花人的强大精神。

而关于茶道，在丰臣秀吉时代，千利休在创立日本正宗茶道的过程中，曾数次面对死亡。这段历史只要向现今茶道宗室的人随便打听打听，就能够了解一二。事实上，千利休因为与丰臣秀吉的关系才招来杀身之祸。正因为他一直直面着死亡，才奠定了现如今日本"服务精神"的基础。

在传统的日本文化中，不管如何放松，总感觉空气

---

① 即有情节的艺能，是最具代表性的日本传统艺术形式之一。就其广义而言，能乐包括"能"与"狂言"两项，前者是极具宗教意味的假面悲剧，后者则是十分世俗化的滑稽科白剧。

中潜藏着某种紧张感。大家可以想象一下，茶道的席位，与那种单纯愉快地以茶水殷勤招待来客完全不同。茶道会上的一个瞬间，仿佛一生一世都融于这一瞬。一期一会，一生只相遇一次的感觉油然而生，让人体会到热情款待之心与纤细温柔的照料感。能够感受这些细微情绪之人聚集在一起的庄重款待，与那些毫无意识地聚在一起的喝茶当然完全不同。这其中的分寸，令茶道充满了某种美妙的紧张感。

此外，这些日本传统文化的精神内涵，与海德格尔①在《存在与时间》一书中遗留下的言论有相通之处。

海德格尔主张："当人无法直面死亡之时，就无法注意到自己的存在。能否认识到死亡，关系着发现自我的可能性以及生存方式。"

人固有一死，虽不知死亡何时来临。但就像拉丁语中的这一词汇 Memento mori（记住你终有一死），我们不要忘记自己是终将会死去的存在，我们是时间限制之下的存在。即是说，我们必须要意识到，**生命就是一场在限定时间内关于如何生存的认真地决一胜负的场所**。我们要改变自己的思考方式，去思索本来自我的存在状

---

① 马丁·海德格尔，1889—1976，德国哲学家。

态，尽可能地充实现在，那么"现在"就会发生变化。海德格尔在他的晚年，思考方式就完全改变了，但他关于死亡的主张，却深深地鼓舞了我。

想要品尝美食，想得到好的东西，这些追求不仅限于人类，在其他动物身上也会有这一特质。但是，意识到自身存在于这个世界，或者说能够意识到存在的意义，是人类的特性。如果掌握好这一特殊性，它可以成为极大的快乐的源泉。寻求这种动物所不具备的快乐，这种心灵上的愉悦与惬意，正是禅道。

实际上，通过观测脑电波，便可以发现禅道可以创造出极度快乐舒适的状态。当排除所有的杂念与欲望进入独处的境界时，血清素神经活化，心情从而变得安定。此外，被称为脑内麻醉药的多巴胺开始分泌，令人斗志满满。

值得一提的是，海德格尔的言论与禅道有相通之处。要说这两种观念的巨大分歧之处，那就是禅道不主张以死亡作为终结这一论点。因为在禅道的世界中，死亡并不可怕，也不是需要逃避的事物，也不会因为人终有一死而敷衍人生。此外，在随时准备赴死的这种血气方刚的想法上也有分歧。禅道中，不管死亡何时来临都没关系，这只是平生的延续。生与死合而为一，正是禅道的奥义。

正常情况下,人一旦开始深思有关死亡的问题,会很难淡定地喝茶。但是,修禅讲究平和地接受死亡,所以可以一边饮茶谈笑,一边充实、平静地等待那一刻的来临。这是自我精神的修行方式,这一点十分有意思。

修禅还有一种方式是冥想。所谓冥想是指把意识放在自己的每一个动作上,甚至包括每一下呼吸的超觉醒状态。如果你认为冥想只是迷迷糊糊坐在那里的半睡眠状态,那就错了。茶道的世界也是一样,观察揣测其他人接下来的动作从而随机应变是十分重要的一点。这种极端无微不至的照料需要高度的精神集中。

一直以来,日本的切腹自杀,其实也不全是黑暗的一面。生与死常相伴,同样都是一件很有紧张感的事情。把死亡相对化来看,某种意义上我们其实是在致力于死亡。这就是日本人的生死观,这种观念已经牢牢地嵌入了日本的传统之中。

悟道除了舍弃欲妄之外,还有不要惧怕死亡这一意义。但是,在临终之时说着"我不想死"的和尚们,我想他们也是了悟了吧。

良宽法师有句名言:"死去之时便是死去的最佳之季。"即是说,把死亡交给自然法则,顺其自然。这真是相当超凡的悟道。

良宽大师非常喜欢小孩子,他经常和孩子们一起玩耍。另一方面他在草庵研读典籍和诗歌,大部分时间都孤独地度过。自我的世界,以及与他人相处的世界,这两者他都深入其中,并取得了良好的平衡。这也是为人处世的深度。

在他去世前的五年间,与小他四十岁的贞心尼姑陷入了一场恋爱之中。正因为良宽深知孤独的滋味,所以爱情的光辉才格外地刻骨铭心吧。

了解爱的孤独

爱与孤独实在是相辅相成。孤独总是令人感到荒凉寂寥,但因爱而生的孤独在痛苦之中又夹杂着甜蜜。

当自己迷恋上对方,对方却不喜欢自己,或者说没有注意到自己感情的单相思时,自然会感觉爱的孤独。但比之更甚的是,当自己还在爱着对方却已经抽身而退的分离,更加能够令人体会到爱的孤独。

事实上,在爱情中会感到孤独的时刻,是因为看见了更为深刻的东西、明白了更多的事情。例如,曾经不屑一顾的花朵现在却为它的美丽而倾倒,或者因无名的音乐而心神激荡。正因为了解了爱的孤独、爱的虚幻无常,对善良事物的欣赏才更为敏锐。人会变得充满感性,这是爱的孤独的副作用。

当恋爱顺利时,心里只有快乐。两人情浓时刻,不需要感性的存在,哪怕不带感性地看任何东西似乎都在发光。假如一对犬夫妻,其中一方离去了,被留下的那条犬也几乎不会产生被抛弃的孤独。总而言之,陷入悲叹哀鸣之中不可自拔是非常人类式的行为。

路易-费迪南·塞利纳①是医生兼小说家,他在自己的半自传体作品《茫茫黑夜漫游》一书中,描述了失爱的孤独。接下来我将引用作品中的一段原文,讲述的是主人公费迪南下决心离开美国回到祖国法国,而与妓女莫莉分别的画面。莫莉对于费迪南来说,只要"一想到要和她分别,就忍不住觉得自己十分之愚蠢、无耻且冷酷地愚蠢"。但是,费迪南无法停止这悲痛的人生之旅。

这可是长久的诀别啊,费迪南。真的不后悔吗?重要的事情什么的!……再好好考虑考虑吧……

随着列车缓缓驶入车站,看见火车头的一瞬间,我已经失去了冒险的自信。我鼓起这干瘦憔悴的身躯之中仅剩的勇气,亲吻了莫莉。有生以来第一次感觉到了痛苦、真正的痛苦。对大家、对我自己、对于她,对所有的人类的痛苦。

我们终此一生所追寻的不外乎如是,也仅仅如是,即是让我们真真切切地感受到生命之真的深入骨髓的

---

① 路易-费迪南·塞利纳(Louis-Ferdinand Céline),1894—1961,法国作家,被认为是20世纪最有影响的作家之一。

悲痛。

（摘自路易－费迪南·塞利纳《茫茫黑夜漫游》）

"真真切切地感受到生命之真的深入骨髓的悲痛。"不仅是费迪南，我们也都会有痛苦的时刻，而这种只赋予人类的感情我们应当当做"独一无二的时光"来好好珍惜。

诗歌生来就是为苦痛的爱恋而存在。人在失恋时，会神奇地变得巧舌如簧，充分地表达出了人类的感情。纵观历史，比起悲伤痛苦，大家更认可爱情之孤独能产生出的更为丰富的感情。为了抚慰这份孤独，大多数的诗歌才被创作出来。

法国香颂①歌谣与演歌②，尽是讲述男女诀别的故事。歌中总是描述主人公启程回北方或是远赴南方。不论如何，这世上比起歌颂热恋的歌，叹息恋爱终结的歌曲要多得多。

大概一帆风顺的恋情过于简单，所以难以制作成剧

---

① 法国香颂是法国世俗歌曲和情爱流行歌曲的泛称，以甜美浪漫的歌词著称于世。
② 演歌是日本特有的一种歌曲，可以理解成日本的经典老歌，是日本古典艺能与现代流行音乐的过渡，以民俗民风、感情琐事为颂词的歌曲。

吧。不仅仅是日本人，全世界都是如此，人类肯定着爱的孤独这一情感。深陷孤独的时刻，虽有痛苦却又能捕捉到一丝美好、甜蜜。也因此，世人热衷于咏唱悲恋这人类所独有的感情。

失恋的失落感，并非简简单单早日振作起来就好，只有此时此刻才能体味到的甜蜜的悲伤，要尽情地体味，它会令人变得深邃。

仅仅是能够明白人的情绪的转移，就是一件相当深邃的事情。

但是自1990年代起，描写失恋痛苦的歌曲就渐渐减少了。与此相对应的是，不知怎么的，失恋的悲伤这一情感，仿佛也渐渐消失了。

在以前，不论是谁失恋时精神上都会遭受十分巨大的打击。而现在，很多人刚一失恋就可以马上进入下一段恋情。在我的青春时代那会儿，从恋情开始到失去、到重新振作，中间的跨度要更长。失恋的沉重打击，需要花半载的时间慢慢疗愈是十分普遍的现象。

在那个年月，即便感情生变，失恋的这段时间也可以称之为对方给予的最幸福的时光。这是体味爱情之孤独甜蜜的一段时光。那段时间会读很多的诗、听很多的歌曲、看很多的画、读很多的文章，并且对其中之真意感同身受。

一般来说，男性被认为在爱情中更缺乏感性心理。但我却意外地发现，在爱的孤独感方面，男性会更加了解。

例如，分手后依依不舍的男女在表现上的差异：女性可以很快地转移情绪，而男性即便一副已经放下了的姿态但在内心还是依依不舍。这也是我的真切感受。感性思考能让我们获得更多，所以在年轻时候不妨刻意延长失恋的时间。实际上，当我们云淡风轻地治愈伤痛之后，感性思考会渐渐消失。

但是，像跟踪狂一样执着地纠缠不休之人，我想是因为他们无法忍耐爱的孤独吧。并不是因为太过深爱对方才成为跟踪狂，是因为忍受不了孤独，难以一个自己待着才开始追踪他人。

跟踪狂的心理，我想大约是想要留下自己的痕迹，或者说想要进入对方的视线。自己一直执着某事某人的话，心中就会有所寄托。如果因此而被对方所厌恶，仿佛自己被对方记挂在心上似的，心情也会变好。或许这边是，如果得不到对方的爱，哪怕是恨也是好的。

相爱需要一定的精力。某种意义上来说，这是一件费时费力的事情。可以说，追踪狂是为了不让自己陷入爱的孤独之中非常省时省力的一个方式。基于此可以断言，追踪狂们不具备忍耐爱的孤独的力量，或者说不了解爱的孤独的魅力之所在。

爱的孤独，可以说是一件甜蜜的事情，甚至可以称之为人生的妙趣之所在。

总的来说，虽然如今我是以工作最为优先，但为了人生的妙趣，情感世界中的人一直在我心中占据重要位置。当感情世界初步确立之时，生存才得以成立。一味地追求积极工作，这并非人生的全部。

尾崎红叶①的作品《金色夜叉》中，男主人公贯一被嫌贫爱富的未婚妻所背叛，从而变成了金钱的奴隶。这种心理状态作为爱的孤独感来说又欠缺了一些情绪。遭到侮辱践踏之后争一口气而努力，即便没有失去爱情也可以办得到。

失去方知情重。恋爱正是只有在结束时才会明白其价值，即是说，失恋正是体味感性之丰富的绝佳机会。

彼时，世界急剧扩大，心思的微妙之处立现。被抛弃被分手之后，接下来的六个月里不要进入一段新恋情的原则，也是了解爱的孤独感的技巧。

---

① 尾崎红叶，1867—1903，日本小说家、散文家、俳句诗人。

再重复一遍。爱情的孤独时刻,正是好好体味人类感情之丰富的时间。被朋友所抛弃之后可以投入工作,而被恋人所抛弃之时呢?沉浸到感情的世界当中去吧,深深地沉浸,这是耕耘我们自身精神的不二之法。

正因为孤独才更加理解他人

我在前面说过，爱的孤独的时期，正是接触大量文化艺术经典的绝佳期间。

在这个时期，看电影，会深深地留驻在内心深处。即便不是自己所偏爱的名作，在被抛弃之时、与异性分别之时所看的电影，是难以忘却的存在。不管电影是喜剧还是悲剧，只要陷入爱情蛊毒的漩涡之中，电影的台词、情景、音乐等等都会跟与对方相处的愉快或悲伤的回忆联系起来。电影中角色的命运即便与自己毫无瓜葛，但会代入感很强地把角色的恋爱模样当成自己的模样，从而电影超出了其本身的魅力。

能强烈引发我的回忆的是卡拉 OK。如果曾经与恋人一起在卡拉 OK 唱过歌，一旦在某处听到那首歌，回忆便会突如其来。有一次我在卡拉 OK 看到一个突然泪流的男人，我问他："你哭什么啊？这也不是什么悲伤的歌吧。"他回答我："听着这歌勾起了我的回忆，我只是在感伤那曾经开心的时光罢了。"我恍然大悟。

那样的歌曲，即便是因公司的欢送会才去唱歌的情况下，也不要轻易地唱起，特别感伤之时，一边沉浸在回忆之中一边哼起吧。此外，与前任恋人交往时经常唱起的歌曲，在与下一任恋人相处时不能唱起也是关键之处，于是那首歌就会变成曾经恋人的专属歌曲。

我自己也有一首分手的"主题曲"。人会无意识地产生分手的预感。双方都下意识地感觉到了什么的那段时期，不思议地会想要一起去唱卡拉OK，一起听流行歌曲。那时候的旋律与歌词，奇妙地会遗留在心底。当再次听到那首歌，时至今日也还是会记起与那个人分开时的回忆。找到那样一首"片尾曲"，认真仔细地感受它，长久地享受它……

所以说，只有沉浸在爱的孤独感之中时才能体会到音乐的妙处、文学的妙处，这话确有道理。例如，悲情名作《椿姬》之所以能长久地广受追捧，我想正是因为它详细地描绘出人类感情中最基本的"人心交错的痛苦"。

为了不再遭受精神上的沉重打击，而选择一开始就不在感情上投入过多，这正是现代人的恋爱方式。即便如此，男女从陷入爱情到分手仅仅花费三个月，甚至更短的时间，也还是会产生不寻常的反应。"下一秒分手也没关系的心理""不需要女人什么的，一个人自由自在才最快乐"这一类想法的畅行，正是因为无法忍耐住精神的巨大起伏。如果真这么做，那么现实生活会变得平淡无趣，又或者会变得杂乱无章。然后感情的世界被消弥殆尽。

恋人的离去固然是件悲伤之事，但同时也会残留下对自身恋情的肯定的充实感。或许会很高兴更换下一任恋人，但也有些人会由此变得十分空虚。

恋爱，是熊熊燃烧的一种情感状态。因为自身充沛的精神能量，恋爱中产生的孤独感与年老之后因孤独枯寂而产生的绝对寂寞，本质上完全不同。被对象抛弃而导致生存的力量无处安放之时，就像那永不熄灭的火焰飘摇动荡着。很想称呼这段时间为"紧紧拥抱爱之孤独的区域"。

把自己沉浸在"紧紧拥抱爱之孤独的区域"的范围内，可以培养对其他事物的想象力。这想象力的根基，基本上说是理解能力，不光是自身的感情问题、与对象的关系甚至对其他人的痛苦烦恼也能够去理解、体谅，有助于促进对他人的理解与包容。

此外，"触景生情"，通过各种事物让感情波动起来。鲜花、月亮本身并不悲伤，只是偶然间与曾经的恋人联系了起来，所以才赋予它们如此多的情感。

在日本文化中，不论多小的事物都随处可见"触景生情"的影子。在不经意间心灵触动。能了解那份纤细与优雅之人，就可以明白"触景生情"，这类人似乎在某一方面十分成熟，只有久经沙场战胜悲伤之人才能拥有想象力、优雅的风度、理解力和包容的气度，具备这些素质之人可谓是漂亮女人、潇洒的男人。这里的美丽与潇洒和那些所谓的俊男靓女完全不同。

细细体味个中的酸甜苦辣，然后深深地铭记于心，成就了果决、力量与妖娆风姿。这些人类才有的成熟，是必须要从爱的孤独的力量中才能获得的无上魅力。

孤独与乐器

前些日子，我与堂本刚先生一起拍摄了一部商业广告片。堂本刚是家喻户晓的超级巨星，但实际上他本人却是一位安静内敛的青年。他说自己喜欢音乐，所以非常开心从事着现在的工作，但其实在家的时候他非常喜欢一个人待着，弹弹吉他、和狗狗说说话什么的。乍看之下是个非常积极主动地青年，他却一脸认真地对我说："老师，我想要再情绪高涨一点。"我想，他也只是一个在某方面想要被接纳的青年吧！

他擅长与人沟通，所以他并不属于没有朋友而导致的惶恐症候群。现如今的年轻人，能够喜欢孤独的时间是非常难得的。假如不没有可以与外面的世界融洽相处、与外界沟通的安全感，很难做到这一点。

手机通讯的发达，让不少的年轻人直到睡觉前都没有了孤独的时间。但是，随着孤独感的消失，人们也就难以挖掘自己的内心了。

以前的青年，为了进入孤独的状态通常有一个仪式

——聆听爵士乐。在聆听约翰·柯川①等大师的爵士乐时，人会变得平心静气。这感觉像是一种为了让自己进入孤独状态的仪式。前文也提到过，孤独是帮助我们深入思考孤独、储备力量之源。但如果不是在年轻的时候做这件事，就会变得非常危险。当年近四五十岁时，年老的孤独会悄悄到来，如果这时候再去深入思考、挖掘孤独，就有可能精神被永远地埋在地底。

当然，并不是说中年以后就不再需要孤独的片刻了。

倘若是在年轻之时预先学会某种力量或者技术，例如弹吉他、钢琴等，那么在触碰到这些乐器的瞬间就可以深入到孤独的状态之中，深深地沉浸于自我的世界。这是非常有益处的。

话说回来，假如因无法弹奏，自己的身体率先产生无法自由行动的焦躁，那么即便触碰到吉他、钢琴等，也无法陶醉于自我的世界当中。

此外，因为憧憬演奏就突然开始学习弹钢琴的人也不在少数。到现在我心里头也还有这样的愿望。纪实作

---

① 约翰·柯川（John Coltrane），1926—1967，是爵士乐历史上最伟大的萨克斯管演奏家之一，同时也是一位优秀的音乐革新家，他对20世纪六七十年代的爵士乐坛有着巨大的影响。

品《巴黎左岸的钢琴工坊》一书也令我深受感动。书中旁白讲述人是一个从小就十分热爱钢琴的中年男性。他想专业、全方位地学钢琴的梦想并没有得到实现,然后他来到了巴黎,在找到某家钢琴工坊的时候,想要学钢琴的心情喷发了出来,最终他买到了属于自己的钢琴。

钢琴与吉他、小提琴相比,更拥有孤独的影子。平时看上去不正经、骚动之人,只要随意地轻弹起钢琴,会马上变得十分性感。对于吉他的话,只需要稍微学习一些古典乐曲都可以比较简单地上手。而小提琴则难度极大。一想到拉小提琴必定要从小就开始学习,就忍不住很嫌弃。

想要学习弹奏钢琴名曲,需要付出很多的努力。从这个角度说,弹钢琴并不是简单的一件事。但是如果不以成为专业钢琴家为目标的话,成人之后才开始学习也不是不可能。因此,弹钢琴可以说是锻炼如何与孤独相处的一个好方法。只要一想到练习钢琴的时间是孤独的时间,就觉得美得不得了。

事实上,孤独的力量正是性感的力量。例如北野武[①],他不但跟着老师学钢琴,还学习踢踏舞,也无休

---

① 北野武,1947年生,日本电影导演、演员、漫才演员、电视节目主持人、大学教授。

止地接触电影和书籍。那份努力，通过媒体上的无数好评可以窥见一斑。或许正因为巨大的孤独所以他成立了"北野军团"。另一方面，我们亦可得知他也十分珍视一个人的时间，他的身体之中流露出孤傲清高的信息素。

我羡慕他的地方在于，我自身完全体现不出孤独的影子。我虽然确实也存在孤独的时期，但却没办法展现出孤独的味道。就连我的学生也会取笑我："老师真是一个爽快人哪。"如果用一个晴朗的天气来指代的话，"老师是加利福尼亚的晴天吧"。（略带嫌弃）每当此时我就会坚决反驳道："不对，是静冈的晴空。"

假如就因为爽快的特质而导致欠缺孤高的性感，那还真是令人难过。生活所经历的苦难、所遭遇的困难，都会化作脸上一条、两条的皱纹，难道不是吗？

综上所述，我最终得出的结论是，能够表现男人孤独的性感的一面的就只有弹钢琴了。

某位女性编辑曾断言："会弹钢琴的人比不会弹的人受欢迎程度多几十倍、几百倍。"听到这话，我基本上是当真的，所以我就去买了一架钢琴。购物是任性的，虽然家中格局会变小，但可以尽量摆放一架迷你钢琴。当我可以弹奏《小猫被踩了》的时候，我要让姑娘们来听听，然后称赞我简直性感极了！

珍视个人时间的女性也非常之性感，我想认同这一点的时代已经来临。让娜·莫罗[①]正是其中鲜明的代表。在电影《死刑台与电梯》中，她优雅华丽地走在香榭丽舍大道上，翘首以盼恋人到来的那份孤独感扑面而来。这是影片最精彩的部分。孤独感随着她的漫步悄然弥散开来，莫罗那仿佛压倒一切的身影，完美地表现出了日本人难以展现的法国姑娘式的孤独。如果这都不算性感，那什么才是性感呢？

日本的男性对于女性充实地度过独处时光这一点并不怎么看好，但他们又没办法改变，所以他们总是追求会照顾人的、便利的女人，他们讨厌女性一个人能够充实地生活，这完美地表现了日本男性毫无眼光的一面。我看了也真是替他们着急。

[①] 让娜·莫罗（Jeanne Moreau），法国影星、导演。

与孤独相匹配的工作

当人沉溺于某种事物时,意外地可以很贴近孤独。因为喜欢音乐而去听大量的 CD,这样并没什么问题。但如果家里还摆着很多没听过的 CD,却在看到音像店时又忍不住条件反射地钻进去狂买新 CD,这种上瘾的状态就略微成问题了。当把收藏目标化,一旦开始热衷于搜集,那恐怕就与孤独的力量背道而驰了。

收藏一事也会有同伙,但基本来说是埋头苦干搭建自我世界的一个过程。所以虽然是一个人的事情,但并不会感到如同孤独者所背负的某种内在压力。女性对这类男性并没有太好的评价:"爱好收藏的男人太棘手了""有点宅吧"。男性本能上也知道这一爱好并不被喜欢,所以很多人会隐藏自己的收藏爱好,就像有些妻子结婚后才震惊地发现,自己的老公收藏了大量的模型汽车。类似的事情数不胜数。

另一方面,也有非常多的女性喜欢拥有自我世界的男人。虽然都是沉浸在相同的独自一人的世界,但"有点宅的收藏者"与"拥有自我世界之人",这两者是不尽相同的。

具体说来,这两者到底有何不同之处?

其一,收藏者往往存在"放弃成长"的精神特性。例如,喜爱收集模型汽车的人会陷入模型汽车的世界中,喜欢战斗模型的人会凝固在战斗模型的世界里,"我只要一直这样就好了,精神上的成长也好,这之外的世界也好,全都没兴趣",因而对于外部世界会产生抗拒感。

人类在成长的过程中,精神上至少要有一次必须与舒适的地方断绝关系。像收藏者那样满足于维持自身的快乐其实是一件幸福的事情。某种意义上说,这十分具有安定感,但从女性角度看,就只会看到一个还没有完全成熟的男性。如果选择这种没有社会性的男人作伴侣,女性当然会感到没有安全感。

一边阅读着托尔斯泰或陀思妥耶夫斯基等人的古典名作,一边聆听着贝多芬或者莫扎特的名曲,这才是积极的孤独状态。当然,也并非说沉溺于收集模型那样的次文化世界就是消极的孤独状态。

如果一定要说的话,远离他人或者排斥其他世界,是典型的不完整的孤独的力量。反之,理想的孤独的力量，指潜心、沉浸于自我世界，之后确立全新、自我并与他人有所联系，是灵活、开放的感性力量。

实际上，这里所谓的"他人"并不是指拥有相同爱好者，而是引以为目标的前辈先人们，我想这样也就不会令人觉得比较宅了吧。在接触到贝多芬和托尔斯泰的作品时，可以获得从周围的人身上无论如何也满足不了的先人们的精神高度。与此高度有所连接的欲求，以及实际上所连接的时间，正是我在本书中讲述的积极向上的孤独。但是，如果所有的热情与关注都放在某种无机物物品上，而这些物品并非是优质的"他人"，那么只会给人留下整日沉湎于物欲的印象了。

如今，"宅力量"渐渐有些主流化了，这是一个社会全体都在趋向这种乐趣的时代。在谈及"孤独的力量"之时，一旦提及面对自我，会给人留下大不相同的印象。

所以我希望女性们也不要单单认定"有趣之人才是我的菜"，只关注那些能言善道的男性，希望她们能够更多地认同那些潜心自我的男士、类似《投球手》中原田巧那样"棘手"的男人。如果把这类男人划分到"好帅的男人""好想被他照顾的男人"之列的话，我想会有更多的男性会致力于潜心修炼自己，人类也会得到磨炼提升。

孤独力量的基础是去甲肾上腺素

人会因为去甲肾上腺素而感到不快,因血清素而感到心安,因多巴胺而感到愉快。虽然和浓度的多少也有关系,但基本上人类的心情由这三大激素所支配着。

沉浸于放松舒适的时间,女性所特有的孤独技巧简直完美无缺。但普遍认为,某种程度的舒适的个人时光中,仅仅是由稳定的血清素所塑造出来的平稳安定状态。男性对模型汽车和模型的迷恋,也就是"宅状态"下,在拥有某款梦想的模型时会产生极大的快感。在欣赏那些物品时,会分泌多巴胺。

如此一来,独处时也可以舒适愉快,仿佛毫无不快的情绪,很难和将不得志作为成长资粮的孤独的力量联系在一起。

另一方面,我在青春期孤独大爆发的根源,正是来自于对当时的自己的不满和被孤立的不快感。我希望得到他人的认可,我想要告诉世人我有更大的能力,就像是竭尽全力朝着世界放声呐喊"我有更多的本事"但却毫无回应，那个时候我被这种空虚感所包围，我为此焦躁不已。这正是去甲肾上腺素的状态。

简言之，去甲肾上腺素这一不快感如果使用得当，可以让人变得更加具有人性。虽然"总是在血清素神经支配下感到冷静"或者"总是分泌多巴胺而感到高度兴奋"的状态也不错，但去甲肾上腺素那样不愉快的根源，也可以促进我们战胜困难，成为帮助我们成长、成功的原动力。

例如，芥川龙之介和太宰治等大多数的作家，他们都天生具备反骨与魄力等常情以及抱有对世俗的反感，他们从这些令人不愉快的情感之中创造出了某些独有的东西。

再往前回溯，夏目漱石也可以说是其中的一员。他是获得公费留学名额的精英，但他在伦敦却与孤独的力量不期而遇。不论他多么精通外语，在解读文学方面都做不到如同母语一般流利。当他领悟到在英文文学的世界中，无论他多么努力也不过是非主流流派之时，开始长期闭门不出。《伦敦塔》正是原汁原味地记录了那个阶段漱石的痛苦，仿佛伦敦冬季的天空那样阴沉。

如要说这世上何事最为苦，没有比毫无容身之处更甚。……生命的意义在于活动，如果生活着却被限制活动，无异于被剥夺了生存的意义。只要意识到被剥夺这一点，简直比死亡还令人痛苦。

（摘自夏目漱石《伦敦塔》）

那份独自一人的苦恼、那段暗黑时期所蓄积下来的力量，最终会成为向未来飞跃的关键一步，会毕生支撑他的创作活动。年轻时候的孤独，会成为取之不尽、用之不竭的源泉。有句俗语说得好：宁吃少年苦。孤独亦是一样，要趁着年轻自己去主动寻找孤独。

以无常观为武器

　　青春期、青年期，是必须面对孤独的一个阶段，我甚至对此观点有点强迫症了。继歌德之后，我又深受 Bildungsroman 小说的影响。人类为了健康人格的形成，肩负着孤独而生活，说起来我憧憬着那样的精神。

　　所谓 Bildungsroman 小说，是歌德时代所创造出来的德国传统小说风格，它主要着眼于主人公的心灵成长以及经历，也被称为教育小说。乍然听到教育小说一词，可能会以为是教导他人变得有修养有素质的小说，但原本德语 Bildung 一词直译过来就是教育，同时还具有自我形成的意味。日语中也曾用"教育"一词来表示自我探求及自我形成的过程。

　　此外，若追溯 Bildungsroman 小说的起源，这其中也含有某种古希腊的礼赞精神。为了获得真正的强大，人必须要从孤独中破茧成蝶。告别家人与朋友，孤独流浪之后归来，这类故事在神话世界及英雄传说中占了绝大多数。

同样，Bildungsroman 小说中的主人公们探寻生存之道、寻求自身成长也是惯用桥段。面对青春期的内心孤独，接触一些这样的小说人物对我们很有助益。这与从家人、朋友那里获取鼓励完全不同，可以说这是来自灵魂之友的声援。

另一方面，在日本的历史中原本就存在着佛教意义上的无常观。

人世变幻无常。世事无常住。不要执着。要惯于寂寞。

日本人也曾经贯行着这样的教育准则。以前的武士们从小就被教育灌输"随时准备赴死"这一极为普通的教育准则。反过来，保持随时接受死亡的觉悟，这是武士的至高命令。

直面死亡是最完美的孤独。森鸥外的《最后一句》中出场的主人公可谓是典型，但这位典型主人公是年仅十六岁的少女。

《最后一句》的剧情概要如下：元文三年（1738年），有一个船主、经营运输业的船老大桂屋太郎兵卫，因为一场灾难而承担了所有的罪名，然后被宣判了死刑。太郎兵卫的长女市子得知消息后，为了替父留命打算写请愿书上递官府。市子下面尚有两个妹妹小松、小德以及弟弟初五郎、父母领养的长太郎。他们在请愿书上写自己愿意以身代父亲入罪，文章条理之通顺连大人也自愧不如。镇上的奉行看到了这封请愿书，不禁内心生疑，他认为是有谁在暗地里指使这些孩子做这件事，这绝不可饶恕。于是奉行开始审问市子，但市子坚持这些都是自己的想法。奉行说："假如我批准你们以身代父的请求，那你们就会马上被处死，甚至见不到父亲最后一面，这样也可以吗？"没想到市子神色不变，回答道："可以，大人的命令不敢违抗。"

少女面对死亡也毫无惧色。与其说因为是在小说虚构的世界之中，不如说这正是武士道精神。而且在当时那个时代，不仅仅是像少女这般的武士阶层，连普通民众也都心怀世事无常的心态，拥有随时可以一个人安静地接受死亡的强大心理。

不同时代的深泽七郎①在《楢山小调考》一书中，描述了一位老母亲铃夫人，她也一样是欣然面对死亡、是一位有着举身赴山之决心的老妇人。小说中有这样一段话："一旦到了七十岁便要去祭楢山，但她三年前就做好了去山里要用的坐垫席子。"

---

① 深泽七郎，1914—1987，日本战后一代派作家。

现如今的现代人，已经没有了从小就面对死亡与世事无常的观念。好莱坞式的思想、很久以前的美国式家庭剧情片那样轻浮的氛围正在日本蔓延开来。尤其是十几二十岁的年轻人，对他们来说孤独可以说是一种灾难般的存在。我感觉，他们并没有意识到，孤独是生存必须要经历的一个仪式。

在我的印象中，不再主张"面对孤独"的生活方式是从1980年代开始加速。大家的生活态度突然都变了，不再把孤独作为"成长的使节"，这对生活似乎毫无影响。如果不再正视孤独能让心灵变得安定这样倒也罢了，但现代人的孤单寂寞似乎变得更加无可救赎了。

对于孤独感的过分恐惧，与日本人开始轻视文化的时期是相重合的。为什么这么说呢？积极地看待孤独是文化所必须的一面。仅仅以自身内里的东西去救赎孤独，这可以说是完全办不到的。要给予它一束光，可以是先人们的言语，也可以是他人的人生。如果有一个可以借鉴学习的案例的话，那么我们就能朝着解决这一问题的方向迈进一步。如果没有这样的例子，在面对社会不公、时运不济时，我们甚至连"现在的我就跟卡夫卡《变形记》中的主人公萨姆沙一样嘛"这样幽默的自我嘲讽都做不到。

实际上，有没有文化也并不是那么重要。最重要的是有无和那些文化接触的意愿。只要认真去探寻，你会发现有很多这样的例子，让这些亲和之物深深地融入自己的心中，它可以帮助我们战胜独自一个人时的孤寂。这样的文化与涵养，才是孤独最好的处方笺。

地下水脉

孤独之于我,就像一条地下水脉,连接着我与那些伟人们,我为此而欣喜。那是歌德、是太宰治所挖掘出来的丰盛的文化及艺术之水脉。这地下水脉源远流长,遥无止境。我们如若也朝着这个方向挖掘下去,仿佛我们会与伟人以及那些与我们同样在掘井的孤独的人们,在某个深远之处相会。把自己置身于地下水脉之中,你会发现有无数优秀的人与你一同漂浮在这阔大的河流之中。如果你找到了这种感觉,那么就不会再惧怕被孤独所环绕。

但是,如果一个人独处时一直不停地听音乐、发信息的话,那么就不可能挖掘向精神深处。"啊,就这样吧。"你会在同一个阶段来回地滑行,然后逃之夭夭。长此以往,你将会陷于一直的平行移动,永远也不可能抵达地下水脉的深处。

假如关掉音乐,开始思考"自我的存在"等命题,这时又会怎么样?放任头脑中泉涌而出的思绪,沿着这个思绪挖掘下去,乍看似乎产生了深刻地思索,但事实上,以自身之力挖掘自身的精神无异于徒手挖掘,而徒手挖掘会令人感到疼痛,挖掘速度也会非常缓慢,并且挖掘的心力会逐渐流失。当你挖掘到某个程度时,就会满足于"已经挖得差不多了",然后马上睡去。总之,即便你挖掘自身,最多也不过就是十数厘米的深度而已,在即将出水的深度就戛然停止了挖掘,如此至多也就是挖出一个小水洼罢了。无论经过多久,你都看不到从地下喷涌而出的甘泉。

如果你认为这样的平淡、单调是一种幸福,那我无话可说。但孤独感,会随着生命的不断延展,越发地难以消除。无论多么缺乏变化的人生,实际上生存根本的不安与空虚感会一直如影随形,人会不自觉地陷入这些消极的情绪之中,并且难以将其挣脱。结果,有些人会不断地采取一些空泛的方式去敷衍、疗愈它,就这么周而复始循环往复。

假如以书籍作为媒介,去挖掘精神之时,会得到令人震惊的进展。书籍担负着挖掘通往地下水脉之"永动机"的使命。每当阅读完毕一本书,书中的主人公会化身领航员,自然而然地带领我们前往心灵的深处。而且,如果这个主人公在某种程度上与自己的气质及自身状况颇为相似的话，也可以把它当成对自身孤独感的预演。

例如，塞万提斯的《唐·吉诃德》中登场的主人公唐·吉诃德·德·拉曼恰，就是孤独的主人公的典型代表之一吧。虽然有一位叫桑丘·潘沙的忠实随从，但也称不上能完完全全地理解堂吉诃德。当然，基本上谁也无法理解他。走到哪里都会被嘲笑，令他陷入自身的妄想世界从而无法获得心灵的自由。虽然情节有些恶搞，但在他死去的瞬间令人不禁深感同情。这个与世隔绝的男人背负的悲伤，与现代人的孤独是相通的。

在莎士比亚的《哈姆雷特》中，王子哈姆雷特的孤独感，也使现代人可以产生强烈的共鸣。哈姆雷特一边发誓要复仇，却又犹豫、自嘲。他的思想不停地喷发，在脑袋里不断地盘旋，当我们提到"哈姆雷特式的心境"时，瞬间就能够领悟到，"啊，那踌躇犹豫的心情啊"，可以说那是普罗大众都会有的烦恼、苦闷的情绪。莎士比亚活跃的时期正值日本关原之战前后，可以看出那种思想的现代性是多么得超前、伟大。

此外，在陀思妥耶夫斯基的《罪与罚》中，主人公拉斯柯尔尼科夫遇到了各种各样的状况和局面，每当他靠近孤独与罪恶感，必然可以一鼓作气地朝着地下水脉挖掘前进。

话说回来,日本文学深受欧洲文学的影响,尤其是法国、德国、俄罗斯的文学。法国文学擅长将精神上微妙的动摇与变化都十分细致地记述下来;德国文学则在"真正的精神应有之状态"下,探寻人类的本质方面尤为拿手;而俄罗斯文学长于追寻自由、高深思想与异常高昂的自尊心之间的碰撞,俄罗斯的寒冬那无论如何也掩盖不了的孤独变成了思想斗争交锋的庆祝空间。对日本人来说,这些都是在挖掘自我、进行垂直方向的精神作业之时的强大助力。

我经常听到有人说,上小学时其实并不讨厌看书,上中学以后才几乎再也不碰任何书本了。究其原因,与其说是变得忙碌了,不如说是没有跨越儿童读物到成人读物之间的鸿沟。

以孤独为主题的作品,一般都会被分类为"非儿童文学读物",也因此,儿童时代的读物大多是梦幻愉悦、幻想性的作品。但是,从中学时代开始,渐渐地深度了解生存孤独感的欲求开始出现,这正是划分成人读物的分水岭。而所谓成人读物,是掌握人类所怀有的根本性的孤独感所必须经历的重要一课。

当然,在深深地陷入孤独之时,也不可忽视音乐所带来的巨大作用。从民歌时代到现代,从中岛美雪到Mr. Children乐队,歌唱孤独的灵魂的歌曲数不胜数,人们也爱极了那些歌曲。

我非常喜欢井上阳水收录于他的第二张专辑中的《寒冷房间的世界地图》这首歌,歌词始终都非常感伤,那份对孤独世界的憧憬以及受伤的心都完美地表露了出来。

事实上,歌曲能够带动人的情绪,能够让我们放纵于孤独的气氛中。可以说,音乐是增加甜美的寂寞的有效工具。但是,委身于音乐之中进行"掘井作业",与在阅读中带来的效果不可相提并论。

侧耳倾听,只是触摸到了孤独的表层。每一首歌曲都含有自身的悲伤与快乐,随着曲调的变换,感情可能在A到B到C之间切换,但是,可以意外得知感情的摇摆。

总之,哪怕为了更加深入地鉴赏音乐,阅读也是非常重要的。通过阅读,了解作曲家们创作的经过,再听音乐时会加倍地感到喜悦、亲切。

虽然暴露出听老歌比较羞愧,但如Carmen Maki的、由寺山修司作词的《偶尔想要像没有母亲的孩子那样》歌曲,"偶尔想要像没有母亲的孩子那样/想要沉默地凝视着大海/偶尔想要像没有母亲的孩子那样/想要一个人出去旅行",追寻着憧憬孤独的寺山的轨迹,对这首歌的体会应该会更加深刻吧。

希望像地下水脉那样源远流长,为了真切地抓住某物,语言的"钻头"十分有必要。那就是,抱着寻找自身灵魂之友的心情去读书。能够掌握这一点,就绝不可能有被孤独打倒的一天。

尾 声

迄今为止的人生，有相当大一部分我都是一个人独自度过。这绝非因为我是个不爱社交之人。因为我明白，一个人独行，然后锤炼自我是绝对必要的过程。

虽说如此，但绚烂的理想却不被人所理解，所有的一切仿佛都白忙一场，那种有力无处使的感觉真是痛苦。而那时抚慰我的，正是伟人以及他们的书籍。

这其中，能让我在精神上产生犹如双胞胎一般的共鸣的人，正是尼采。

尼采创作了《查拉图斯特如是说》等哲学诗歌，他是个只与周围之人来往的男人。他一边因他人的称赞而自傲，一边又因他人的不理解而濒于精神崩溃。尼采的思想太过超前于时代，他可以说是一阵极其危险的风，因其来势汹汹而无法立刻与人来往。

凡能熟练地吸入我书中的空气之人，应知道那是高山的空气、强烈清冽的空气。人首先必须要适应这空气,否则,会有极大地患上感冒的风险。

(摘自尼采《看这个人》)

简言之,尼采要求阅读自己著作的人必须要具备一定的资质。那个男人的孤独就是这么无情、残酷。

在《查拉图斯特如是说》一书中尼采如此说道:"我的弟子们啊,从今往后我要一个人独行。你们现在都可以离开了,且你们都要独自离开。这正是我的期望。"如基督教教义中的"爱邻人如爱己"论,教导世人不要有同情或嫉妒等心理,但尼采在《查拉图斯特拉如是说》中曾几次三番地强调关于孤独,就是要爱远方之人,不要结伴而行。

到现在我也会扪心自问:"自己是独行者吗?"只要答案为"是",孤独就不是可怕之物,它正是磨炼自我、丰富内心的不可取代的片刻时光。

因此,在一个时期内与自我期望的孤独相伴,只要能够忍耐独处的烦躁,就能够培育出强大的精神世界。

当然,人越是孤独,就越是必须有所支撑。这其一可以是遥远的先人们,也可以是肯定自我的力量、即自我肯定能力。虽说如此,但胡乱地肯定自己也是不行的。之所以说平时要好好了解自我的身心是非常重要的一点，也正是源于此。

孤单一人的寂寞与空虚，确实是令人感到痛苦。但如果在遥远的某处，遥远的某人也与自己有着相同的感觉，就仿佛自己背后有了一个应援的团队。如此一来，对孤独的适应力会不断地增强。

我自身也深陷孤独的痛苦之中，所以才写下此书。我想结合自身的体验，尽可能坦率地来写这本书。

孤独这一情绪如果处理不好，会变成烈性药。我深知这一点，所以我在此恳切地祈求：为了把烈性药变为良方，希望各位能将我在书中介绍的"孤独的技巧"牢牢地铭记并学以致用，它应该会对孤独的生活有所启示。

本书摘录的书籍及参考文献一览

第一章

村上春树,《且听风吟》

石光真人,《一个明治人的记录——会津人柴五郎的遗书》

罗曼·罗兰,《贝多芬的一生》

梵高,《梵高书信(上中下)》

坂口安吾,《风与光与二十岁的我》中《石的所思》《魔鬼的无聊》《暗黑的青春》章节

第二章

冈本太郎,《自身有毒》

浅野敦子,《棒球少年》

吉田兼好,《徒然草(新修版)》

梅·萨藤,《独居日记》

斋藤孝,《呼吸入门》

第三章

保罗·奥斯特,《空腹的技巧》

清水几太郎,《论文的写作方法》

河合隼雄,《大人的友情》

歌德,《歌德全集》

冈本太郎,《青春毕加索》

加斯东·巴什拉,《火的精神分析》《水与梦》《空与梦》和《大地与意志的梦想》《幻想的诗学》

宫泽贤治,《宫泽贤治全集（1）》《宫泽贤治全集（2）》

川端康成,《山之音》

村上春树,《神的孩子们在跳舞》

R. D. 莱恩,《分裂的自我》

三浦纯,《正确保健体育》

第四章

种田山头火,《山头火俳句集》

尾崎放哉,《尾崎放哉俳句集》

托夫·杨森,《Moomin 小肥肥一族》

中村草田男,《中村草田男全集（1）》

永井荷风,《荷风全集（20）》中《地震》篇

谷川俊太郎，《俯首青年》《二十亿光年的孤独》

乔治·巴塔耶，《内在体验》

克尔凯郭尔，《致死的疾病》

加西亚·马尔克斯，《百年孤独》

中上健次，《十九岁的地图》

赫尔曼·黑塞，《德米安》

太宰治，《人间失格》

卡夫卡，《城堡》

鸭长明，《方丈记 新修版》

石川啄木，《一握之砂》

宫泽贤治，《宫泽贤治全集（7）》中《银河铁道之夜》篇

中原中也，《中原中也诗集》中《阴天》《月夜的海滨》《羊之歌》篇

小林秀雄，《小林秀雄全作品集10》《思考的启示4》

林尹夫，《我的生命在月光下燃烧》

第五章

海德格尔，《存在与时间1·2》

路易-费迪南·塞利纳，《茫茫黑夜漫游》

尾崎红叶，《金色夜叉》

小仲马,《椿姬》

赛德·卡哈特,《巴黎左岸的钢琴工坊》

夏目漱石,《伦敦塔》

塞万提斯,《唐·吉诃德》

莎士比亚,《哈姆雷特》

森鸥外,《最后一句》

深泽七郎,《楢山小调考》

尾声

尼采,《查拉图斯特如是说(上下)》《看这个人》

解说　小池龙之介

孤独，用的到位可以如一剂清凉剂让混沌的意识觉醒，这确实是一种力量。我从小在寺里面长大，直到二十多岁才开始认真地修行，目前我一个月中有一半的时间都会进行冥想修行。以古代佛教的坐禅冥想法为中心，过着几乎不和任何人沟通、晨时四点起晚九点入睡的生活。冥想，首先要敏锐地意识到呼吸的变化，创造一个十分坚定的集中状态。然后慢慢地、仔细地深入观察身体与心灵的每一个角落。这是彻底孤独的时间。当然，这绝非是孤零零一个人的消极状态。孤独之于我，非关积极与消极，仅仅只是一个中立的状态罢了。

但实际上，我也曾经历过斋藤孝先生在本书中所言及的"暗黑的十年"那样的岁月。在我印象当中，那是中学时代到二十多岁之间发生之事。回想起当时我的心境，不过是希望有人可以理解自己，却没有懂我之人，想要与人沟通但完全只是单方面往来，想要被人所称赞却无人认同。彼时这样的心情非常得强烈，当时的我最爱的书籍正是本书中也有提到的《人间失格》。最终我死心了，承认自己是孤单一人，心中充满了愤懑、不满与寂寞、失望之感。却也因此，我虽一边认为"自己是个失败者"，但却保持着一种扭曲的骄傲："我的失败也区别于那些普通大众，我是最厉害的失败。"

当时的我憋着劲一定要倾诉这份"孤独感"，究其原因不过只有一点，我对他人寄予了太多的期待，理所当然地想要他人理解我。认为理应互相理解，想要获得他人的认同，这些期待与任性的想法确实存在着。那时候的我，对他人抱有太多的期待，自然而然也加剧了自身的寂寞。我在这样的恶性循环之中，阴郁地度过了一天又一天。

然后，有一个关键的事，把我从孤独的消极循环中拯救了出来，虽然只是一件极其细微的小事……

有一天，我到当时的恋人房间去时，她正用冰箱中的剩余食材给我做饭。我当时心里很高兴，但过了一段时间后，她同样用剩余的食材给我做饭时，我却感到怒火中烧。我意识到了自己不快的心情。第一次我心中很感激她"为我费这么多功夫"，第二次觉得"她为什么不肯给我认真做一顿新鲜的饭菜呢？"我被自己的想法所震惊。她明明做着相同的一件事，为何我却会产生完全相反的两种心情呢？仔细思考后，我明白了我并非是因她发火，而是在不愉快的情绪出现之前，我的心里就已经存在着"想要变得不愉快"的冲动。工作不顺利、无法获得某人的认同、因某事而烦恼愁苦等等，这些自身的负面情绪恰好利用她发泄了出来。

我想，生气的矛头并非是恋人。假设当时正在看一本平时很喜欢的漫画，可能也会忍不住觉得无聊而吐槽的吧。那时候，不论是恋人也好，还是漫画的作者也罢，都是与自己无法交流之人，互相之间都是孤立的状态。但是，如果错觉"因为恋人拿出这样的饭菜才导致不快"，仿佛自己感受到了与对方沟通的影响，从而滋生出自己并非孤独的幻想。也就是说，不快本身可以让我们假装看不见自身的孤独。

原本我认为，当我们与他人一起分享喜悦或悲伤时，就达成了一次沟通与交流，但事实真是如此吗？

假设我们试图引发一次共鸣："苹果真好吃啊。"但每个人的自身潜在意识在检索"苹果"这一词汇时，锁定的结果是完全不同的。一些人可能会回忆起一周前在超市买来的苹果，另一些人可能会回忆起十年前感冒的母亲帮我们削的苹果。仅仅是关于苹果的味道，就有如此庞大的记忆量，它的味道也因记忆的不同而有区别。

即便被同一词汇所刺激的记忆，却是完全不同的世界。因为过去的信息炮制了我们的认识，可以说大脑通过数据反复读取而产生的临场感，比起外部的现实更加具有真实感。我们的认识与感情正因为这种反复而被放大。如此一来，外界传来的任何新的信息，都会与过去所发生之事联系在一起，从而引发相同的情绪；或者成为继续那一瞬间之前的情绪材料。

因此，过去的我会才对恋人相同的行为作出截然相反的态度。可以说是自己的心，随意地扭曲了现实。对我们来说，比起外界引入的信息，内部的情绪反复才更具有真实感。我们被困在了"大脑"这一牢狱之中。

虽然是很细微的一件事，但通过剩饭这件小事，我发现主观意识是基于记忆的反复来解释外界所发生的事。我认识到，人与人之间的理解误差、意见分歧是再正常不过的事了。追根究底，大约那时候因为我还未理解到"自身是孤独的"这一中立的事实，因此容易产生两种极端的情绪。当对孤独消极以待时会产生悲怆感；反之，若积极地认为"我的孤独是无人可以理解的优秀"时则诞生出傲慢。但是，以此为开端，我开始接受"世人皆孤独"这一事实。

直到意识到这一点之前，我一直沉沦于苦海之中，破坏了许多人际关系，自身也变得令人生厌。时至今日，回头去看，在那段时间，我彻底地学习了自我陶醉的暴力性与因此而产生的痛苦，虽然是痛苦的学习过程，但却造就了我如今的思维方式与自律方式。所谓孤独，可以说正是一段不得不直面自身的时间。

近来，在微博和推特上吐槽琐事的人越来越多了，感觉能与自身沟通的人也在渐渐变少。斋藤孝先生推荐大家保留写日记的习惯，我认为这确实是一个非常好的发现自我的方式。微博和推特都是以"暴露于他人目光之下"为前提，所以写微博、发推特基本上是从他人会如何看待自己的立场出发，因此写微博、发推特无非就是想要从他人那儿获得自己所期望的评价罢了，期待他人评价自己"好充实啊""好满足啊""好幸福啊"。如果找到类似志同道合的朋友，两人的沟通与交流就会变成互相获得对方的评价，就像蹬自行车一样，寂寞只会越来越多。因此，双方交谈的语言越是轻松愉快，不管两人交换了多少语言与想法，但"真正的想法却没办法传达"的空洞与寂寞依然如影随形。

人类原本孤独。这句话的真意是，无论谁都不可能找到完全理解自己之人。哪怕努力去理解对方，就像我刚才所述，或许沟通也会因为对于信息的记忆不同而导致歪曲与疏远的结果。并非只有人类是这样,动物也好,所有众生也罢,全都是在孤独之中生存着。

只要活着,就是一个人。这是一个很简单的事实。特别是修行这条路,是完全孤独的时间,因此我对此更加深有体会。当然,在俗世中很难有机会获得完全独处的时间,但在日常生活中我们依然可以去感受孤独。我推荐的方法是,哪怕在与他人聊天时,也可以尝试注意自己心灵的反应。他人所述之内容明明都一样,自己的心却会产生两种截然不同的反应,慢慢地就可以懂得判明各种独立的行为。并不是要掐断沟通与交流,而是要注意到,交流本身的孤独,才是面对自我的第一步。

重要的并非是避开孤独,而是要认识到孤独、了解这一对于自身很重要的"伙伴",礼貌地与它打交道。一边更加深入地了解脆弱的自我,一边与他人交锋。本书中列举了很多通过这种方式的自我锻炼从而完美突破蜕变的例子。如果你尚未认识到孤独,尚且沉沦于孤独的痛苦之中,我希望你可以翻一翻本书。我相信它可以给予你直面孤独、一往无前的勇气。

平成二十二年八月 僧侣